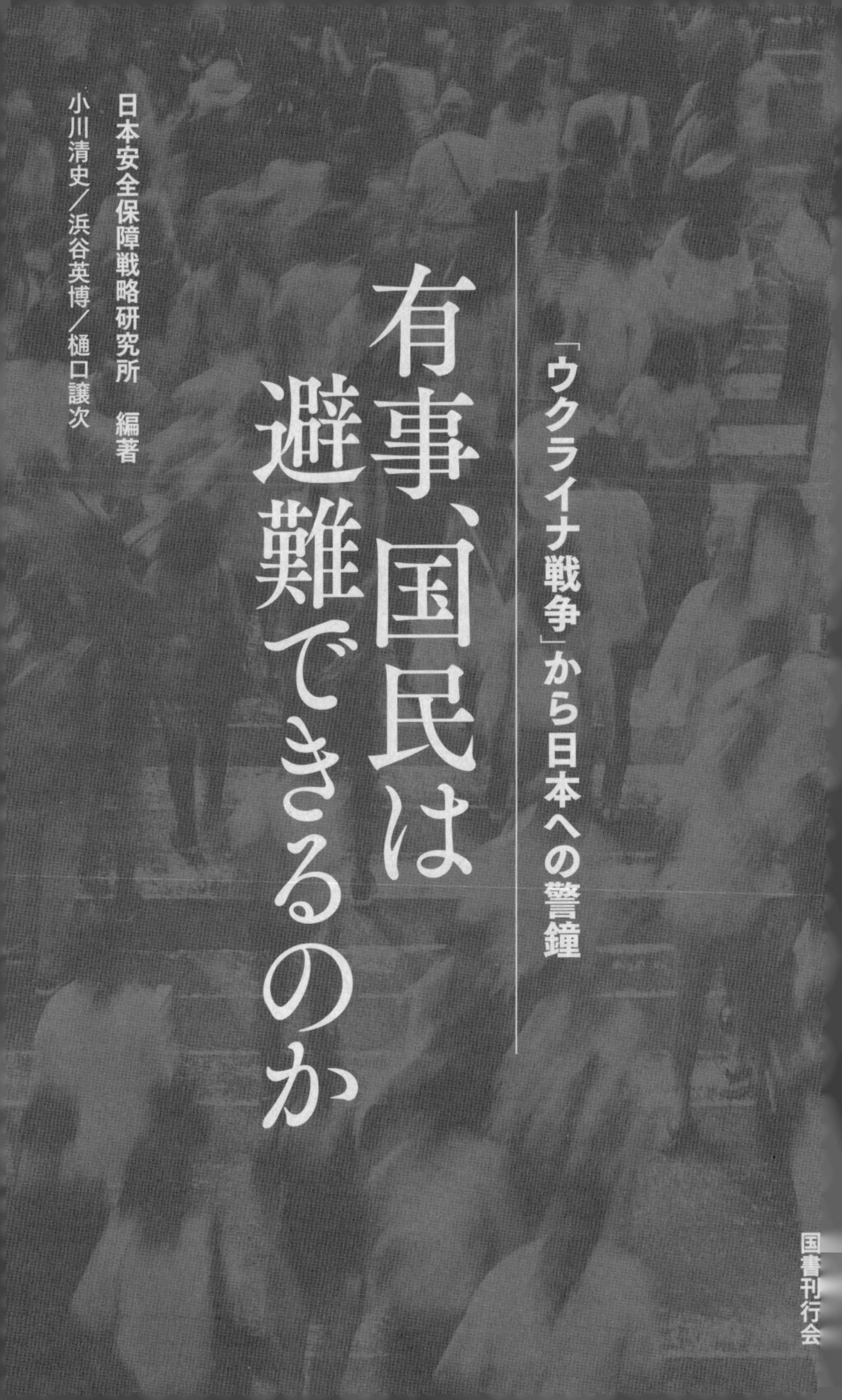

「ウクライナ戦争」から日本への警鐘

有事、国民は避難できるのか

日本安全保障戦略研究所　編著
小川清史／浜谷英博／樋口譲次

国書刊行会

「ウクライナ戦争」から日本への警鐘

有事、国民は避難できるのか

ウクライナ戦争の教訓から緊急提言

——日本に「民間防衛」が必要——

2022年２月24日に勃発したロシアによるウクライナへの軍事侵攻（ウクライナ戦争）は、日本をはじめ世界中に深刻な衝撃を与えました。特に、戦後の平和ボケの中で戦争のことなど全く念頭になかった日本人にとって、その衝撃は計り知れないものとなりました。

ウクライナ戦争が日本人に突き付けたことは、①戦争が始まれば国土全体が戦場となり、安全な場所などないという現実です。

また、②民間人を保護することによって、戦争による被害をできる限り軽減することを目的で作られた国際法は安易に破られるという現実です。

いま、国際情勢も安全保障環境も激変する中で、日本は空想的平和主義から現実的平和主義への大転換を迫られています。

戦争は、等しく主権をもつ対等平等の国家によって行われ、それを律するのが国際法です。

グロチウスの著作「戦争と平和の法」では、第二編でJus ad Bellum（戦争法）を論じ、第三編でJus in Bello（戦争遂行中の合法性）を記述しています。

ウクライナ戦争では、ロシアは「国連憲章第51条に基づいて『特別軍事作戦』を行う」と述べ、ロシア軍がウクライナ領土に侵攻しました。それをJus ad Bellumに照らして大多数の国家が非合法であると明確に意志表示しています。

ウクライナ戦争では、多数の民間人が犠牲になるとともに、国内外併せて1300万人の避難民が発生しています。このロシア軍による攻撃は、ジュネーヴ条約第１追加議定書52条２項の軍事目標主義を逸脱しています。つまり、Jus in Belloの考え方に明らかに反しています。

国際社会を律する世界政府のような組織ができない限り、各主権国家は戦争に対する備えと国民を防衛する体制を整備することが責務となります。

本書では、特にJus in Belloに違反する民間人への戦争被害をいかに極小化するかについて「民間防衛」というテーマで考察しています。

はじめに

米中「新冷戦」が深刻化し、中国の覇権的拡張の脅威が日本に直接的かつ長期的な危機をもたらすことは間違いありません。すでに、サイバー攻撃は日常化し、尖閣諸島には連日、中国海警局の艦船などが押し寄せています。また、北朝鮮の核ミサイル開発は眼前の脅威であり、北方領土や竹島を不法占拠するロシアや韓国は、その既成事実化の主張をより一層強めています。

こうした緊張状態が加速する中、2022年2月24日にはロシアがウクライナに軍事侵攻しました。非戦闘員である民間人の犠牲者は日々増加しているとの報道が毎日のように流されています。

国連難民高等弁務官事務所（UNHCR）が2022年6月16日に発表したところによれば、2022年5月時点で、ウクライナ国内に避難した人が700万人超に、国外に逃れた人が600万人超にのぼったとのことです。避難先は主として、近隣のポーランド、ハンガリー、ルーマニアなどであり、自家用車又はウクライナ政府が準備したバス等での移動による避難です。中には、人数は多くありませんが、親類縁者を頼り遠くアメリカ、西ヨーロッパ、日本などに避難している人々もいます。

日本で仮にこのような事態が発生した場合には、隣国は地続きではありませんので、ウクライナのように数百万人単位での避難はほぼ不可能です。船や飛行機で避難しようとしても、その人数には限りがあります。そうすると、日本国内でより安全な地域への移動避難か、居住地近くでの堅牢な施設への避難しか選択肢はありません。

ウクライナ戦争において、ロシアのプーチン大統領は核兵器の保有を誇示し、核兵器の使用を仄めかすなどの核恫喝を行い、ウクライナのみならず日欧米などをはじめとする国際社会全体を震撼させました。このようなことが実際に起こり得るのが世界の偽らざる現実です。しかし、国民にとっては衝撃的事実かもしれませんが、わが国では、そのような「核の恐怖」から国民を守る核シェルターは「皆無」と言っても過言ではない状況です。

NPO法人「日本核シェルター協会」が2014年に発表した資料によれば、本書で「民間防衛」研究の対象とした米国、韓国、台湾、スイス4か国の「人口あたりの核シェルターの普及率」は、アメリカが82%、韓国（ソウル市）が300%、スイスが100%であり、各国ともに緊急避難場所を確保していますが、日本はわずか0・02%にしか過ぎません。

台湾は、本資料には入っていませんが、100%です。台湾では、全国の公的場所には必ず地下壕を用意することが法的に義務付けられており、年に一度は必ず防空演習も行われています。

世界各国では、核ミサイルの脅威に対する備えの重要性を認識し、いざという時の避難場所として、核シェルターの整備を政府主導で進めています。しかし、わが国は唯一の戦争被爆国であり、周囲を中国、ロシア、北朝鮮などの核保有国に囲まれているにもかかわらず、核シェルターの普及が全く進んでおらず、議論すら行われていません。

緊迫する北東アジア情勢に鑑みれば、有事には、どのような方策があれば国民を安全かつ確実に守れるか、政府・国民ともに真剣な議論を行うことが急務となっているのです。

武力攻撃を受けつつの移動避難または近場の堅牢な施設への避難の準備は万全なのでしょうか。ウクライナ戦争は、すでに数ヶ月戦闘が継続しています。日本に対して武力攻撃が発生した場合も、数日ではなく、数ヶ月単位で戦いが行われることを前提とした国民保護体制を構築するべきでしょう。

更には26年前に起こったオウム真理教による地下鉄サリン事件のようなテロがいつ発生するかも予断を許しません。また、東日本大震災に引き続き、首都直下型地震や南海トラフ地震発生の切迫性が高まり、台風などの大規模な自然災害が発生することも常に念頭に置いておくべきです。

わが国は、このような様々な危機や脅威に曝されています。そして、突然これらの危機や脅威が現実化した時、あなたの生命や身体そして財産は、一体誰が守ってくれるのでしょうか。

最近の事象として、世界中を恐怖に陥れている新型コロナウイルス感染症のパンデミックの脅威が、2020年1月以降、日本を襲っています。感染拡大を封じ込めるため、政府・企業・国民が一丸となり、同年4月の緊急事態宣言に基づき社会経済活動を制限して取り組みました。その制限は、法律に基づく措置ではあるものの、罰則規定はなく、強制力は諸外国のものより弱く、あくまで政府から国民へのお願いベースでした。そうした拘束力の弱い措置にもかかわらず、日本の新型コロナウイルス対策は、医療崩壊寸前でどうにか持ちこたえ、人口密集地たる大都市を複数有する国家の中では比較的被害は少ない方であったと言えるでしょう。

この間、政府の対応は、感染拡大防止と社会経済活動の維持との狭間で大きく揺れ動きましたが、一部諸外国に起こったような爆発的な感染拡大や壊滅的とも言える医療崩壊が起きないまま、感染者への対応ができたものの、国家全体としていかに対応すべきかといった問題も浮き彫りになったと思います。

これが武力攻撃事態という国家非常事態においては、一層国家をあげた堅牢な国民保護の体制が必要になることは言うまでもないでしょう。

武力攻撃事態では、相手国側に自由意志があり、あらゆる侵略の試みに対して有効な抵抗を行うには国家の平時行政で対応できるものではありません。相手国の武力攻撃から国家の独立と主権を守り、国民を保護し、国家の生存を全うするには、相手国よりも迅速かつ周到な対応が必要となります。後手に回ると、被害はどんどん拡大してしまいます。非常時に、政府、地方公共団体、企業、国民が一丸となり、迅速・周到な行動をとるためには、必要最小限の強制や統制がカギを握ることとなります。

このため、世界の国々は、武力紛争事態等において国民の生命及びその生命維持に必要な公共財等を守るために軍隊以外の政府機関及び地方自治体並びに民間組織及び一般国民が参加する、国を挙げて行う「民間防衛」の制度を整備しています。

わが国においても、遅ればせながら、武力攻撃事態等において、国民を保護するための「国民保護法」が作られ、平成16（2004）年に施行されました。

この国民保護法に基づくわが国の国民保護制度は、諸外国の民間防衛制度に相当すると考えられていますが、実は似て非なるものです。

最大の相違、つまり最大の問題は、「国民保護法では、国民は一方的に保護される立場であり、国を挙げた民間防衛制度とは異なる」ことです。

せっかく国民保護法を作っては見たが、残念ながら、武力侵攻事態等において、わが国の現行の「国民保護法のみでは国民は守れない」との危惧を持たざるを得ません。そのことを国民の皆様に知っていただき、民主主義国家日本の主権者である国民一人一人が主役となる真の「民間防衛」制度を整備しなければならないという思いから本書を執筆しました。

そこで本書では、まず、実効性をもって国民の生命・財産を守るために、諸外国はどのような制度・仕組みを採っているのかを概観し、参考とするべき事項を抽出します。

次いで、わが国に対する万一の武力侵攻事態等に際して国民の生命等を守るためのベースとなっている現行の国民保護法と国の体制について、その問題点や課題を明らかにするために、諸外国との比較において、日本には何が足りないかを考えてみることとします。なお、国民保護法の概要・課題・改善策は巻末に「解説」としてまとめています。

結論として、国民の生命・財産を守るために、日本は何を整備するべきなのかを考え、具体的な提言を纏めてみました。それは、国民の自助・共助の精神を組織化し公助の実働面（又は、重要な一翼）を担う真の「民間防衛」制度の構築に向けた提言としています。


以上のような考えに立って本書は、第1部で諸外国の民間防衛について概説し、第2部では民間防衛へ向けた体制整備を行うための課題を明らかにしています。その際、我が国が整備している国民保護法についての現状についても触れています。第3部では民間防衛組織を創設するに当たっての具体的な政策を提案するという3部構成にしました。

第1部では、価値観を共有する同盟国の米国、日本同様に避難先が国内にほぼ限定されるとともに中国等の脅威を直接受けている隣国の韓国と台湾、そして世界で最も民間防衛に力を入れている永世中立国スイスの4か国の民間防衛体制とそこから得られる教訓を述べています。

第2部では、現行の国民保護法に基づく「国民保護」という概念をより拡大して、諸外国の体制と日本の制度との比較から抽出した具体的な問題点等を明らかにしています。また、現在、世界の主要国の軍事作戦が「マルチドメイン作戦」へと大きくシフトしつつあることに鑑み、今後の民間防衛はいかなる方向を目指すべきなのかについても、提案の前提としてその一端を述べています。

第3部では、我が国の武力攻撃事態等における被害の局限化並びに大規模災害へのより効果的な対応に資する民間防衛体制構築について具体的に提案しています。その提案では、我が国に欠けている民間防衛という概念の必要性と、そのための憲法、関係法令、組織等の改善などについて述べています。

提言の主要な事項は、憲法への国家非常事態及び国民の国防義務の規定の追記、民間防衛組織とそれを支援する地方予備自衛官制度の創設、各地域の国民保護能力と災害対処能力の拡大などです。

特に、昭和30年代に検討されましたが日の目を見ることのなかった地方予備自衛官制度は、将来ますます少子高齢化、地方の過疎化が進むであろう日本において有事だけでなく頻発する大規模災害への対処のためにも有効な制度として提案しています。

「今日では戦争は全国民と関係を持っています。……どの家族も、防衛に任ずる軍の後方に隠れていれば安全だと感じることはできなくなりました。一方、戦争は心理的なものになりました。精神―心―がくじけたときに、腕力があったとしても何の役に立つでしょうか。……民間国土防衛は、まず意識に目覚めることから始まります。」この言葉は、スイス政府発行の『民間防衛』からの抜粋です。

日本の更なる繁栄と国民の安全安心を願い、そのために不可欠な国民の民間防衛への参画意識の覚醒を願って、本書を執筆した次第です。

本書を介して、国防の重要な柱としての民間防衛の必要性について読者の皆様とともに考えることが、国民の理解を一層深め、政治を動かし、国民の安全安心を高める国家施策へと繋がっていくものと確信しています。

最後に、本書の上梓に当たり、洞察に満ちた助言を頂いた日本安全保障戦略研究所（ＳＳＲＩ）の高井晉理事長、冨田稔上席研究員及び岩本由起子研究員、ならびに快く出版の労を取って頂きました国書刊行会の佐藤今朝夫社長をはじめ同出版社の皆様に改めて謝意を表します。

世田谷の研究所にて

執筆者一同

目次

第１部　諸外国の民間防衛を知ろう

――諸外国との比較による真の「民間防衛」創設に向けた日本の課題――

第１章で、諸外国の民間防衛の定義と日本の国民保護法のそれとの違いを明確にした上で、諸外国における民間防衛と、日本の国民保護法の考え方の違いを述べる。諸外国の民間防衛は武力攻撃事態における被害最小化を目指すために生まれた概念である一方、日本の国民保護法は災害対策基本法をベースとして策定されている。そのため、国、地方公共団体等の責任及び権限の付与、国民の義務などに大きな違いがある。

第２章では、「共同防衛」を基本とする米国の民間防衛を説明し、アメリカ合衆国憲法に規定される各国家機関の権限や軍・民兵団の設立などについて述べる。特に、米国民の「国防の義務」及び州兵の役割を詳述するとともに、米国の国土防衛について紹介し日本にとっての教訓事項を導くこととする。

第３章では、「統合防衛」体制を支える韓国の民間防衛を説明する。そこでは、特に韓国の民間防衛体制を法的に裏付ける「民間防衛基本法」と「統合防衛法」を説明した上で日本にとっての教訓事項を明らかにする。

第４章では、「全民国防」下の台湾の民間防衛を説明する。そこでは、全民が参加する民間防衛体制を支える重要な施策である「全民国防動員準備法」及び「全民国防教育法」を説明して日本にとっての教訓事項を導くこととする。

第５章では、「永世中立」政策を国是とするスイスの民間防衛を説明する。そこでは、スイス憲法の「民間防衛」に関する規定並びに民間防衛隊たる「市民保護組織」などの仕組みを詳述した上で日本にとっての教訓事項を述べる。

第1章　概説

1　諸外国の民間防衛を知ることの意義

わが国の国民保護法は、わが国に対する外部からの武力攻撃に際し、その予測段階から国全体として万全の対処態勢を整備し、発生した場合には国民保護措置を的確かつ迅速に実施するという趣旨で作られている。わが国に対する外部からの武力攻撃、すなわち、わが国にとって最悪の国家非常事態に備えるためのものである。

そのような平時の統治機構をもってしては対処できない武力攻撃事態等の非常事態において、諸外国では、国家緊急権に基づき、国家の存立を維持するために、国家権力が立憲的な憲法秩序を一時停止して非常措置をとる。すなわち、国家の最高指揮権限者（国家元首）が、国家非常事態を宣言して国民に最大限の警戒を喚起し、強制力をもって社会生活に制限を加え、要すれば緊急法律制定権や緊急財政措置権などを行使して被害を最小限に抑えることを目指すのが一般的である。

しかしながら、わが国の国民保護法は、本書の第2部第1章「日本の国民保護法と諸外国の民間防衛との比較」で後述するように、内閣総理大臣に国家非常事態の宣言をはじめとする有事権限が付与されておらず、また、私権の制限も極めて抑制的である。さらに、武力攻撃事態等における国民の役割について義務化を避け、任意の自発的協力にとどめるなど、国家非常事態法の性格を有する国民保護法の実効性に重大な問題があると指摘されている。

そこで、わが国においても諸外国にみられるような真の「民間防衛」を創設するとの観点から、第1部ではわが国と関係の深い諸外国の民間防衛の体制等について調べ、日本として参考となる教訓事項を得ようと試みるものである。

その際、日本の唯一の同盟国である米国、日本と同じように中国や北朝鮮の脅威に直面し、かつ自由、民主主義などの基本的価値を共有する隣接国の韓国と台湾、及び「永世中立」政策を採り世界で最も民間防衛に力を入れているスイスの4か国を対象とする。

第1部の2章から5章においては、上記4か国について、民間防衛を形作る上で不可欠な要素である憲法や関連する法令及び軍事機構などを概観した後、それぞれの国の民間防衛に関する取り組み及びその他わが国にとって参考となる事項について述べてみたい。

なお、わが国の国民保護法については、巻末の《解説》「日本の国民保護法を理解しよう」とその付録「国民保護法の条文概要」において詳述しているので参照されたい。

2　諸外国における民間防衛の概念

一般に諸外国では、自然災害及び重大事故に対応する措置を市民保護（civil protection）と称し、武力攻撃に対する被害の最小化を民間防衛（civil defense）と位置付けており、民間防衛こそが軍事行動・国防と密接に連動した概念である。

この概念区分に従えば、わが国の国民保護は、武力侵攻事態等を対象としていることから、一応諸外国の民間防衛に相当するといえる。同じくこの区分に従えば、日本の防災は諸外国の市民保護として位置付けることができるであろう。

この二つの概念に基づく具体的な制度の適用について諸外国の例をみると、同じ体制をもって、平時は市民防護に、有事は民間防衛にそれぞれ対応させている国が多い。

また諸外国においては、民間防衛や市民保護といった国家非常事態には、国家緊急権に基づき国民の権利を一時的に制限して一定の強制力をもって対処することが通常である。

なお、わが国外務省は、ジュネーヴ条約第1追加議定書61条（a）に規定される civil defense を

「文民保護」と訳している。しかしながら、諸外国では、前述の通り、civil protection（市民保護）とcivil defense（民間防衛）は明確に区別されていることから、本書では、civil protectionを「市民保護」、civil defenseを「民間防衛」として書き進めることとする。

3 民間防衛の歴史的変遷

戦時に国民を保護する体制を意味するものとしての民間防衛の起源は、欧州における第一次世界大戦時の空襲経験にその緒を見ることができる。1914年から15年にかけて、自らの郷土がドイツ軍による空襲の標的となったイギリス、フランス、ベルギー、ポーランドの国民の間で、自らの生命、財産、そして郷土を守るための必然の方策として、民間防衛が強く意識された。

第二次世界大戦では、空襲警報、灯火管制、監視、避難・救援、避難施設の管理といった民間防衛措置が欧州全土で組織的に行われた。

そして、第二次世界大戦後の1949年に、それまでのジュネーヴ条約が、文民（一般市民）を含む武力紛争による被害を極力軽減するという観点から、全面的に改正された。これにより、それまでの戦地等における軍隊の傷・病者や捕虜を対象としていた三つの条約に、第4条約いわゆる「文民保護条約（註）」が追加された。

（註）第４条約の正式名称は、次の通りである。
戦時における文民の保護に関する１９４９年８月12日のジュネーヴ条約
(Geneva Convention relative to the Protection of Civilian Persons in Time of War of August 12, 1949)

さらに１９７７年には、同条約の追加議定書が作成され、第１追加議定書(註)で文民保護の具体的な内容が明文化された。

（註）１９７７年の追加議定書は、次の二つの議定書からなる。
・第１追加議定書：国際的な武力紛争の犠牲者の保護に関する追加議定書
・第２追加議定書：非国際的な武力紛争の犠牲者の保護に関する追加議定書

民間防衛は、第１追加議定書の第61条において、敵対行為又は災害の危機から住民を保護し、その直接的影響からの回復を支援し、生存に必要な条件を整えるための人道的任務と規定されている。ジュネーヴ条約にみられる民間防衛は、国家による行為や機能を示す戦時の概念であり、それによって起こる危機は、国際的な武力紛争によるものであって自然災害や重大事故を主たる対象とはしていない。

しかし、東西冷戦期、民間防衛の対象は、従来の通常戦に核攻撃の脅威が加わり、さらに自然災害及び重大事故といった多様なリスクにまで拡大した。

１９７０年代以降、米国では、森林火災の対応の失敗を教訓に、非常事態指揮システムという消防による災害・事故現場の管理システムが開発された。これが、関係機関による情報の共有と協力という市民保護の非軍事モデルとなった。

欧州では、フランス及びイタリアを中心に、国家が直面する災害リスクの評価と対応の研究が進められた。災害は、本質的に社会現象であり、社会の脆弱性の現れであるとの認識が広まった。

こうして、冷戦期の比較的長く続いた平和によって戦時の民間防衛に対する関心がやや後退するのと反比例して、平時において市民を防護する必要性が高まり、トップダウン型の民間防衛の論理の対極に、ボトムアップ型の市民保護という概念が位置付けられることとなったのである。

4　民間防衛と市民保護の関係性

民間防衛と市民保護の関係性をみると、国家レベルの民間防衛が、地方レベルの市民保護の発展を促してきたという各国に共通した特徴をみることができる。

しかし、民間防衛と市民保護に対応する組織形態は多様である。

大きな自然災害に見舞われることの少なかったイギリスでは、防災（市民保護）は民間防衛に組み込まれていたものの、あくまでも武力攻撃事態の付随的な位置づけにとどまっていた。

しかし、国土への直接的武力侵攻の可能性が低下したとみて、１９８６年に平時市民保護法が制定され、地方自治体は民間防衛のための資源を戦争以外の緊急事態又は災害一般による被害の防止もしくは救済のために動員できるようになった。更に冷戦終結により、災害対応へと重点がシフトした結果、1920年の緊急権限法と1940年の民間防衛法が廃止され、2004年民間緊急事態法が制定された。

民間防衛を出発点としながら、時代の要請に応じて、戦争、テロ、自然災害、感染症、重大事故にいたる幅広いリスクに対応する包括的法律を構築し、中央政府の国家緊急権に基づく民間防衛と地方自治体等による市民保護という二つの概念が一つの規定としてまとめられた。

西ドイツは、第二次大戦後の非武装化を経たのち、主権の回復による再軍備が認められると、防衛のための軍事力整備と民間防衛の立法化が進んだ。1968年の連邦共和国基本法改正で、連邦が戦時の非常事態たる軍事・民間防衛を所管し、州が平時の非常事態である防災（市民保護）を所管することとなった。1976年の文民保護法で、民間防衛施設や設備が防災にも使用可能となり、1997年の文民保護再編法で州の対応能力を超えた災害事態に、連邦政府が国境警備隊や軍を出動させることを可能にした。

2002年の「ドイツにおける文民保護新戦略」策定以降、民間防衛から文民保護が分離された。民間防衛と市民保護という概念が戦時と平時の非常事態に応じて分離されたものの、両分野に対応する連邦と州・市町村の連携を規定したのが2009年の文民保護・災害救援法である。

2016年更新の民間防衛計画で、民間防衛と防災（市民保護）が並立していたところ、再び民間防衛に重点が戻された。計画では、軍に対する民間の支援を優先事項とし、建築物の防災力強化や医療制度の拡充を図るとともに、国民には10日分の食糧や5日分の飲料水の備蓄などが求められている。

国別に各章で取り上げる米国、韓国、台湾、スイスの4か国についても、それぞれの章で述べているように、民間防衛と市民保護の一元化がみられる。

以上のように、民間防衛という戦時における国民の保護という概念を出発点として、各国は、その国家緊急権をベースに市民保護という平時の災害対応にも拡大応用してきているのである。

一方、わが国は、平時の災害対策（防災）をベースとして、有事の国民保護法を制定していることから、概念上もその制度も、改善するべき余地が多々あると言わざるをえない。

以下、各国の民間防衛をより詳しく説明し、日本として参考となる事項を確認してみたい。

第2章 「共同防衛」(Common Defense) を基本とする米国の民間防衛

1 アメリカ合衆国憲法

(1) 全般

わが国の現行(占領)憲法の起草に当たって、基礎史料の一つとされたアメリカ合衆国憲法は、その前文で、次頁のように宣言している。

We, the people of the United States, in order to form a more perfect Union, establish justice, insure domestic tranquility, provide for the common defense, promote the general welfare, and secure the blessings of liberty to ourselves and our posterity, do ordain and establish this Constitution for the United States of America.

われら合衆国の国民は、より完全な連邦を形成し、正義を樹立し、国内の平穏を保障し、共同の防衛に備え、一般の福祉を増進し、われらとわれらの子孫のために自由の恵沢を確保する目的をもって、ここにアメリカ合衆国のためにこの憲法を制定し、確定する。

（下線は筆者）

なかでも、「…、国内の平穏を保障し、共同の防衛に備え、…」の記述は、州政府を束ねる連邦国家が、各州および国民の力を結集して社会全体で国を守ろうとする強い決意を表わしており、それを踏まえて、具体的な内容が、立法(連邦議会)、行政(大統領)及び司法の各条項に定められている。

まず「連邦議会の立法権限」(第1章第8条)では、「宣戦布告」(第11項)、「陸軍の設立」(第12項)、「海軍の設立」(第13項)、「軍隊の規則」(第14項)、「民兵の招集」(第15項)、「民兵の規律」(第16項)に関し規定している。

「大統領の権限」(第2章第2条)では、冒頭の1項目で「大統領は、合衆国の陸海軍、及び現に合衆国の軍務に服するために招集された各州の民兵の最高指揮官である」と軍の統帥権について規定している。

「司法権」(第3章)については、直接的に軍に係わる記述はないが、「最高裁判所の管轄」(第2条第2項)で、その上訴管轄権は連邦議会の定める例外を除くこととしている。そして、1971年の修正(Amendments)第5条において、「陸海軍において、または戦時もしくは公共の危険に際して現に軍務に服している民兵において生じた事件については、この限りでない」として、大陪審の告発、起訴権限の例外規定の対象として軍隊及び民兵を明示している。

なお、米国議会は、1950年5月に、それまであった沿岸警備隊懲戒法を含むすべての軍事犯罪に関する法律をまとめた『軍事法典』(Uniform Cord of Military Justice)を可決、施行している。

以上の他に、連邦議会の権限の冒頭にある徴税の項で、「共同の防衛および一般の福祉のため、租税、…消費税を賦課徴収すること」として、税徴収の主要な目的は防衛のためであることを明記している。

column

日本国憲法とアメリカ合衆国憲法

日本国憲法の成立過程研究の第一人者とされる米国のセオドア・マクネリー博士（米国メリーランド州立大学名誉教授）の研究によると、日本国憲法の前文は、時系列的に、①アメリカの独立宣言（1776年）、②米合衆国憲法（1787年）、③リンカーン大統領のゲティスバーグ演説（1863年）、④米英首脳による大西洋憲章（1941年）、⑤米英ソ首脳によるテヘラン宣言（1943年）、⑥マッカーサー・ノート（1946年）の6史料を基礎として作られた。

〈出典〉産経新聞社『国民の憲法』（平成25年、産經新聞出版）

第15項　連邦の法律を執行し、反乱を鎮圧し、侵略を撃退するために、民兵団を召集する規定（民兵の招集）を設ける権限

第16項　民兵団の編制、武装および規律に関する定めを設ける権限、ならびに合衆国の軍務に
（民兵の規律）　服する民兵団の統帥に関する定めを設ける権限。但し、民兵団の将校の任命および連邦議会の定める軍律に従って民兵団を訓練する権限は、各州に留保される。

〈出典〉『アメリカ合衆国憲法』（AMERICAN CENTER JAPAN）
https://americancenterjapan.com/aboutusa/laws/2566/ (as of February 12.2020)

すなわち、米国憲法は、連邦法律の執行、反乱の鎮圧及び侵略の撃退を目的とする軍務に服する組織として民兵団（Militia）を設けることを定め、その招集、編制・武装・規律及び統率に関して規定する権限を連邦議会に、将校の任命及び訓練の権限を各州にそれぞれ与えている。

その歴史は、アメリカ合衆国の植民地時代に遡る。当時、各植民地は志願者から成る民兵団を結成した。それは基本的に入植民による自警団であったが、独立戦争では大陸軍（Continental Army）とともに重要な戦力の一翼を担い、また独立後も国内外の紛争・事案にたびたび動員されたことから、1792年民兵法が制定され、究極の指揮権を州に与えた。

その後、順次、民兵の中央統制の強化、いわゆる連邦化が図られ、1916年の法改正によって創設されたのが“National Guard”である。“National Guard”を直訳すれば国家警備隊あるいは郷土防衛隊となろうが、「州兵」との訳が一般的である。

（2）米国民の「国防の義務」

国防の義務については、ほとんどの国の憲法に明確な規定がある。しかし米国の場合は、さらに踏み込んで、修正第2条（武器保有権、1791年成立）で「規律ある民兵は、自由な国家にとって必要であるから、人民が武器を保有し、携帯する権利は、これを侵してはならない」と規定し、国民の民兵としての必要性を強調するとともに、武器を保有する権利すなわち武装の権利を保証している点に大きな特徴がある。

column

米国の「武器保有権」と銃規制問題

アメリカでの銃の所持は、建国の歴史に背景があり、アメリカ合衆国憲法修正第2条（Second Amendment）によって守られているアメリカ人の基本的人権である。

全米で適用されている銃規制の法律では、銃販売店に購入者の身元調査を義務づけ、未成年者や前科者、麻薬中毒者、精神病者への販売を禁止し、また、一部の自動機関銃などの攻撃用武器の販売を禁止している。

銃販売、保持するための許可証の取得、使用など銃に関する法律は州によって異なり、カリフォルニア、アイオワ、メリーランド、ミネソタ、ニュージャージー、ニューヨークなどの州は銃規制が厳しく、銃の所持禁止区域が設定されている。

しかし、近年、銃乱射事件が劇的に増加し、銃規制強化を訴える世論が高まりを見せている一方、米国社会では銃規制より、自衛のための銃器に関する正しい使い方の教育、情報、訓練の必要性と強化を求める動きも広がっている。
なお、２０２２年5月に発生した南部テキサス州の小学校銃乱射事件など相次ぐ銃乱射事件を受け、上下両院が超党派で可決した銃規制強化法案にバイデン大統領が署名して6月25日、同法が成立した。本格的な銃規制法の制定は28年ぶりで、21歳に満たない銃購入者の犯罪歴調査の厳格化や、各州が危険と判断した人物から一時的に銃を取り上げる措置への財政支援などが柱となっている。

〈出典〉各種資料を基に、筆者作成

2 「国家警備隊」あるいは「郷土防衛隊」としての州兵（National Guard）

（1）連邦政府と州政府との関係

連邦制の米国では、中央の連邦政府から州・地方政府に至るまで、政府が数層に分かれている。そのうちの上部2層である連邦政府と州政府については、合衆国憲法の中で規定されている。

合衆国憲法は連邦議会に対し、連邦への新たな州の加入を認める権限を付与している。当初の13州によって憲法が承認されて以来、米国を構成する州の数は増え、現在では50州に達している。その50州のほかに、連邦政府直轄区のコロンビア特別区がある。同特別区は米国の首都であり、いずれの州にも属さない。この特別区の行政は市が担い、連邦議会が予算管理と行政監視を行う。

州政府は連邦政府の下部単位ではない。各州は主権を有し、憲法上、連邦政府のいかなる監督下にも置かれていない。ただし、合衆国憲法や連邦法と州の憲法や法律が矛盾する場合には、合衆国憲法や連邦法が優先する。

連邦制の枠組みの中の主権を有する存在として、各州は独自の憲法、公選職員、政府組織を持つ。州は、法律を制定・施行し、税を課し、概して連邦政府や他の州の介入を受けずに業務を実施する権限を有する。州政府は、州民の日常生活に影響を及ぼす多くの重要なサービスを提供するという主要な責任を担っており、その中には、州全体の治安維持や連邦の任務に召集された場合を除く州兵（National Guard）の指揮が含まれる。

（2）州兵（National Guard：NG）

州兵は、アメリカ各州の治安維持を主目的とした軍事組織で、平時は州知事を最高司令官として、その命令に服するが、同時に連邦の予備兵力であり、連邦議会が非常事態を議決した場合には、アメリカ連邦軍の一部として、大統領が召集することができる。

前述の通り、州兵は、植民地時代の志願者から成る民兵にはじまり、独立時に憲法第1条8項で一定の条件下で連邦議会に各州の民兵を召集する権限を与えたが、1792年民兵法は究極の指揮権を州に与えた。米英戦争（1812年）及び南北戦争（1861〜1865年）では連邦議会の召集を州が拒んだ例もある。州兵の呼称は、1880年代までに定着した。

米西戦争（1898年）後にアメリカの軍隊機構の近代化がはかられ、1903年に「1792年民兵法」が廃止され、州兵の連邦化がはじまった。しかし、州側の抵抗が強く、1916年の国防法では非常事態において大統領に州兵を部隊単位でなく、個人単位で召集する権限を与えた。

1920年の国防法は連邦陸軍が、常備軍、予備役と連邦の召集下の州兵から構成されることを規定した。1933年には州兵が連邦の予備兵力に加えられ、連邦政府が州兵の経費の10分の9を負担することになり、連邦化が完成した。それでも州兵は、平時は州知事によって指揮されるという枠組みは変わっていない（本項は、『ブリタニカ国際大百科事典　小項目事典』を基に、筆者補正）。

3　兵役制度と予備役制度

(1) 兵役制度

米国の兵役制度は、志願制である。

主要国・地域の正規軍及び予備兵力（概数）

国名など	兵役制	正規軍（万人）	予備兵力（万人）
米国	志願	130	80
ロシア	徴兵志願	90	200
英国	志願	15	8
フランス	志願	20	4
ドイツ	志願	18	3
イタリア	志願	17	2
インド	志願	144	116
中国	徴兵	204	51
北朝鮮	徴兵	62.5	310
エジプト	徴兵	44	48
イスラエル	徴兵	17	47
日本	志願	陸 14	3.3（0.4）
		海 4.3	0.05
		空 4.3	0.05

（註）1　資料は、「ミリタリー・バランス（2019）」などによる。
2　日本は、平成30年度末における各自衛隊の実勢力を示す。（　）内は即応予備自衛官の現員数であり、外数。
3　ロシアは、従来の徴兵制に契約勤務制（一種の志願制）を加えた人員補充制度をとっている。
4　ドイツにおいては、11（平成23）年4月に成立した改正軍事法により、徴兵制は、同年7月1日に運用が停止され、代わって新しい志願兵制が導入された。
〈出典〉令和元年版『防衛白書』資料編（防衛省）

予備役は、現役（常備）の連邦軍および州兵とともに米軍を構成する重要なコンポーネントの一つであり、「総合戦力（Total Force）」として一体的に運用される。その勢力は、約80万人である（上記図表参照）。

予備役は、陸軍、海軍、空軍、海兵隊、沿岸警備隊、陸軍州兵、空軍州兵の予備役、そして公共保健サービス予備役団（Public Health Service Reserve Corps、文民による非軍事部門）の八つから構成されている。

なお、沿岸警備隊（CG）は、従来、財務省の所管であったが、2003年の国土安全保障省（H

ＤＳ）の創設にともなって同省へ移管された。戦時または国家緊急事態には大統領の命令で海軍の作戦指揮下に入る。

（2）予備役の目的

予備役の目的は、戦時または国家緊急事態、その他国家安全保障上必要な場合に、米軍の任務遂行（active duty）上の要求に応えるため、動員計画に基づいて部隊および人員を確保・訓練し、現役に加え、必要とする部隊および人員を提供することである。

そのため、予備役は、一般的に、最低、年間39日の軍務に服するよう義務付けられている。その中には、週末の毎月訓練および15日間の年間訓練が含まれる（古いスローガン："one weekend a month, two weeks a year"〈毎月一回の週末訓練、1年に2週間の毎年訓練〉）。

（3）予備役としての州兵

民兵（Militia）に起源があり、国家警備隊あるいは郷土防衛隊としての性格をもつ州兵には、陸軍州兵（Army National Guard）と空軍州兵（Air National Guard）があり、連邦と州の「異なる二つの地位と任務」を付与されている。

平時は、州知事の指揮下にあり、地域の緊急事態等において、大規模災害対処や暴動鎮圧等の治安維持などの任務に携わる。

一方、連邦法は、州兵を合衆国軍隊の予備戦力と定め、戦時あるいは国家緊急事態などにおいて、大統領の命令によって補充戦力として動員する。そのため、州兵は、連邦軍と同様の編制、装備、訓練を原則として、連邦軍の活動を迅速に補強し、代替できるよう常に訓練練度、戦闘能力および即応性を維持強化している。

現役として常時任務に就いている陸軍州兵は約35万人、空軍州兵は約16万人であり、総計50万人超の勢力は、予備役において最も即応性の高い「即応予備」（Ready Reserve）の中でも「選抜予備」（Selected Reserve）に分類されている。このほか、退役後、緊急時の招集に備えて定期的な訓練を受けている州兵は、「退役予備」（Retired Reserve）に分類されている。

（4）予備役の区分

すべての予備役は、即応予備、待機予備（Standby Reserve）および退役予備の三つの区分に分類される。

ア　即応予備

即応予備は、部隊あるいは個人である予備役および州兵から構成され、戦時あるいは国家緊急時に現役部隊を増強するため現役招集を受ける最も即応度の高い予備役である。

イ　待機予備

待機予備は、即応予備には加入していないが、一時的な困難や不具のある重要民間従業員（key

civilian employees）として指定されている個人によって構成される。該当者は、訓練を実施すること、また部隊の一員たることを要求されることはない。しかし、特殊技能（特技）を保有する人的戦力として必要の時に動員に応じることのできる要員として拘束される。

ウ　退役予備

退役予備は、現役勤務及び／又は予備役勤務の満了によって退職手当（retired pay）を受け取ったすべての将校および下士官兵、そして除隊を選択せず、即応予備、待機予備ならびに一定条件下における他の退役予備に応募していない60歳未満で退職手当の受給資格を持つすべての将校および下士官兵をもって構成される。

column

予備役の動員

予備役の動員は、総動員（Full Mobilization）、部分動員（Partial Mobilization）、大統領予備役招集（Presidential Reserve Call-Ups）、15日令（15-Day Statute）および予備役部隊義勇兵（RC Volunteers）に区分されている。予備役に指定されている個人または部隊は、一定の条件下で、上記の動員区分に基づき、招集されて現役となる。

〈出典〉各種資料を基に筆者作成

4　米国の国土防衛（ホームランド・ディフェンス）体制

（1）国土安全保障省（The Department of Homeland Security：ＤＨＳ）

ア　国土安全保障省（ＤＨＳ）設置の背景

２００１年の９・11同時多発テロを機に、期待されていた関係各機関の調整能力には限界があり、より強力な連邦政府機関が必要であるとの認識が高まった。それを受け、「国土安全保障に関する国家戦略」（２００２年7月16日）が策定された。

同戦略では、米国本土をテロ攻撃から守るために、米国の関連機関を動員、組織化することを戦略目標とし、下記の分散された国土安全保障の機能を再編・統合し、より強固なテロ対処能力を確保する必要性が強調された。

①情報・警戒
②国境・運輸の安全確保
③国内の対テロ対策
④重要基盤・施設の防護
⑤壊滅的な脅威に対する防衛

⑥緊急事態即応態勢・対応

イ　ＤＨＳ設置の経緯

ジョージ・Ｗ・ブッシュ大統領は、２００２年６月18日にＤＨＳ創設に関する法案を公表した。２００２年11月19日、米国上院本会議は、同時多発テロ型の大規模なテロ攻撃の防止や対策を盛り込んだ包括的な「国土安全保障法案」を賛成90、反対９の圧倒的多数で可決した。下院はすでに同法案を可決していたため、11月25日にブッシュ大統領が署名して、正式に法案は成立し、翌２００３年１月24日にＤＨＳが設置された。

それまで、政府の１００以上にのぼる関連機関が国土安全保障の役割を分担していたが、国の安全保障に関する最終的な責任を負う単一機関としてＤＨＳの設置に至ったのである。

ウ　ＤＨＳの設置

ブッシュ大統領は、初代の長官にトム・リッジ国土安全保障局長（元ペンシルベニア州知事）を指名した。

ＤＨＳの設置は、第二次世界大戦後の１９４７年、米国軍隊を国防総省（ＤｏＤ）傘下に統一し、米中央情報局（ＣＩＡ）や国家安全保障会議（ＮＳＣ）を創設したトルーマン政権の改革以来の大規模な省庁再編である。

ＤＨＳは、米国内のテロ攻撃の防止、テロに対する脆弱性の削減、テロ攻撃や災害による損害の最小化を使命とし、沿岸警備隊（ＣＧ）や連邦緊急事態管理庁（ＦＥＭＡ）などテロ対策に関係する

8省庁の22の政府機関を統合し、後述の4局1官房、職員約18万人、予算約442億ドル（2003年度）の巨大官庁組織となった。

9・11同時多発テロ前の連係不備が指摘された連邦捜査局（FBI）やCIAがDHSに統合されることはなかったが、今後テロ情報の分析面などで同省に協力することになった。

エ　DHSの組織

DHSは、4局1官房で構成されており、各局の組織・所管事項は下記の通りである。

（ア）国境・運輸安全保障局

本局は、国境、領海、運輸に関連する主要な連邦の安全保障業務を網羅する統一された機関である。米国入国管理の唯一の政府組織となり、沿岸警備隊、税関、移民帰化局（INS）、国境警備隊、農務省動植物検査局、運輸安全局を引き継ぐ。査証の発行を含むすべての国境管理については、情報センターおよび互換性のあるデータベースによって情報が確実に提供される。なお、シークレット・サービスおよび沿岸警備隊は、長官の直轄とされた。

〈所管事項〉

①テロリストまたはその武器や手段の侵入の阻止

②国境・領海・港湾・駅・水路・航空・土地・海上交通機関の警備

③合衆国市民や合法的な永住権保持者でない個人への入国に必要なビザやその他の許可書を交付する法律の制定を含む、合衆国入国帰化法の管理

④合衆国関税法の管理、運用
⑤ＤＨＳに新たに移る政府機関の指揮
⑥これらの責務を迅速に効率的に果すための基盤の構築・確保
正規職員１５６、１６９名、予算（２００３会計年度）２３、８４１百万ドル

（イ）緊急事態準備・対応局

本局は、国内災害事態準備に際して連邦政府の援助を監督し、連邦政府の災害対応を統括する。ＦＥＭＡは、この省の中核である。また、ＦＥＭＡ、司法省および保健福祉省に配属している消防士、警察官および緊急対応要員に下賜金制度を執行し、核物質緊急探索チーム（エネルギー省）と緊急時用薬剤の国家備蓄（保健福祉省）を管轄する。さらに、連邦の諸機関間の緊急対応計画を単一の包括的な全政府的計画へ統一するとともに、緊急対応要員全員が必要なとき互いに連絡をとるための通信機器を整備する。

〈所管事項〉
①テロリストの攻撃、大災害、その他の緊急事態への準備・対応を確実にすること
②基準の制定、訓練の実施、業績の評価、核兵器緊急対応チームに対する資金提供
③テロリストの攻撃や大災害に対する州政府の対応を行うこと（次の四つを含む）
　ａ　包括的な対応・調整
　ｂ　国内緊急援助チームを指揮・監督

c　首都圏医療対応課の監督

d　その他の連邦対応資源の調整

④テロリストの攻撃や大災害からの復旧援助

⑤包括的な国内緊急管理システム確立のために他の連邦・非連邦政府機関との協力

⑥既存の連邦政府緊急対応計画の統一、組織的な国家対応計画の確立

⑦相互に作用する通信技術発達のための総括的計画の構築、緊急対応の際に必要な技術の確保

正規職員5、300名、予算（2003会計年度）8、371百万ドル

（ウ）科学・技術局（化学、生物、放射線、核兵器への対策関連）

本局は、大量破壊兵器を含むテロリストからの脅威すべてについて、準備と対策を行う連邦政府の取り組みを先導する。このため、国家政策を策定し、州政府のためのガイドラインを作成する。また、直接、連邦、州政府の化学、生物、放射線、核攻撃対策チームを訓練する。これによって、複数の省に分散している多様な機能は統合され、突発のテロリズムから米国を守る重要な役割を第一の使命とする一つの機関が作られた。

〈所管事項〉

①テロ行為に関連する化学、生物、放射能、核兵器またはその他の緊急事態の脅威からの合衆国内の市民・社会基盤・所有地・資源・システムの保護

②国家科学研究局、国土安全保障省を支援するためのプログラムの開発、テロリストの恐怖に対抗

するための国家政策や連邦政府の（非軍事的）試みの統合、関連する研究、開発を指揮すること

③優先事項の確立および化学、生物、放射能、核兵器またはその他の用具を使用したテロ攻撃の発見、防止、保護、そしてそのような兵器の合衆国内への搬入の防止のための技術やシステムの研究・開発の監督と援助

④州・地方におけるテロ対抗手段の開発またはテロ対策のガイドラインの作成

正規職員598名、予算（2003会計年度）3,626百万ドル

（エ）情報分析・社会基盤保護局

本局は、米国の重要な社会基盤（食料・給水システム、農業、保健システム、緊急サービス、情報通信、銀行・金融、エネルギー、運輸、化学・防衛産業、郵便・出版、記念物等）の攻撃されやすさについて包括的な評価責任を負う。

〈所管事項〉

①合衆国本土におけるテロリストの脅威の本質と作用域を見極め、国内の潜在的テロの脅威を感知または特定するための法執行情報・諜報活動・その他の情報の収集と分析

②重要な資源・インフラの脆弱性の包括的な査定

③保護の優先順位と手段を特定するための関連情報・情報分析・脆弱性査定の統一

④連邦政府と地方政府の、テロに関する情報の共有のための法律の見直し、改善

⑤重要な資源・インフラ保護のための包括的な国家政策の改善

⑥重要な資源・インフラ保護のための必要な手段の策定
⑦国土安全諮問制度の設立、公的脅威助言における主要な責任の負担、州・地方政府や民間部門に対する具体的な警戒情報の発令、同様に適切な保護活動、手段についての助言
⑧連邦政府および連邦政府と州・地方政府間における国土安全に関する情報の共有やその方法についての再検討・改善

正規職員976名、予算（2003会計年度）364百万ドル

オ　DHS発足後の課題

DHSは、22の省庁・機関を統合し、職員約18万人で構成する巨大な官庁組織となった結果、次のような課題が指摘される。

（ア）省庁内外における連携

特に、省内部における重複排除等の更なる調整及び情報共有等における他の連邦機関との連携強化が必要である。

（イ）州・地方政府等との連携

特に、地方警察・消防等の初動対応する組織との連携強化が必要である。

（2）連邦緊急事態管理庁（Federal Emergency Management Agency：FEMA）

ア　組織の概要

１９７９年にカーター政権の下で発令された大統領行政命令（Executive Order, E.O.）１２１２７により設立された組織であり、連邦準備局（ＦＰＡ）、国防民間準備局（ＤＣＰＡ）、連邦災害援助局（ＦＤＡＡ）、全米消防局（U.S. Fire Administration）など、連邦政府内の複数の省庁に分散していた国内危機管理に関する組織・権限・機能が大統領直下のＦＥＭＡという単一組織に集約された。

この背景には、当時の米国における危機管理コンセプトの変容があった。

１９７０年代後半、州政府や連邦議会では、それ以前の大規模災害の経験から危機管理の効率化による負担軽減を求め、核攻撃を想定した民間防衛（Civil Defense）用の資源を自然災害対策に活用する「デュアル・ユース（Dual Use）」の実現が提唱されるようになった。それを受け、新たに登場したのが「全災害対応型アプローチ（All-Hazards Approach）」というコンセプトである。米国内で発生する大規模自然災害、人為的な重大事故、他国からの軍事攻撃、テロなどに至るあらゆる緊急事態を想定し、準備（Preparation）、対応（Response）、復旧（Recovery）、被害軽減（Mitigation）の各機能を共通化して包括的な危機管理システムを構築することを目指すこととなった。

ＦＥＭＡはこのコンセプトに基づき創設された組織であり、いまもその基本方針の一つになっているが、生物事故、サイバー事故、原子力・放射能事故などの特殊な事象に対しては専門知識を有する省庁が主導的に対応している。

現在のＦＥＭＡは、９・11同時多発テロを受けて２００３年に新設されたＤＨＳを構成する「独立部門（stand-alone element）」であり、ＦＥＭＡ長官（Administrator）は「米国における緊急事態管理全般」に関する大統領および国土安全保障長官の「首席助言者（principal advisor）」に位置づけられている。ＦＥＭＡは長官をトップとし、7、672名の常勤職員（10、600名の非常時対応要員）を擁する組織であり、予算は約136億ドル（2013年度）（うち洪水保険36億ドル）である。

ＦＥＭＡの業務内容は多岐にわたり、国家レベルの包括的な緊急事態管理計画・システムの形成にはじまり、災害時の連邦・州・地方・民間組織間の調整および直接的な対応・復旧支援、平素からの能力向上を目的とした補助・教育事業、被害軽減目的の保険事業などがある。

ＦＥＭＡについては、創設後からラブ・カナル（Love Canal）廃棄物汚染事件（1978〜80年）、スリー・マイル島（Three Mile Island）原発事故（1979年）、セント・ヘレンズ山（Mount St. Helens）噴火（1980年）など米国内で発生する多様な大規模事故の対応に当たってきた。しかし、その存在に脚光が当てられるようになったのは1990年代のクリントン政権下における組織改革以降のことであり、特にノースリッジ地震（Northridge Earthquake）（1994年）、オクラホマ連邦ビル爆破事件（Oklahoma City Bombing）（1995年）での対応は国内外で注目を集めた。

日本においても1995年に阪神・淡路大震災、地下鉄サリン事件が発生したこともあり、この頃からＦＥＭＡの存在が広く知られるようになった。東日本大震災後の危機管理組織の在り方を巡る議論では「統一的な危機管理組織」のモデルとして取り上げられている。

イ　平時対応

ＦＥＭＡは、保護・準備部、応急対応・復旧部、連邦保険・緩和部、米国消防局、活動支援といった組織を持つ。

保護・準備部が、米国政府が目指す姿、危機管理の枠組み等防災の仕組みを構築しているほか、年に一度、"National Preparedness Report"を発行し、米国が直面するリスクやこれまでの対応状況の評価を行っている。災害発生時に対応を行う応急対応・復旧部は、平時には災害対応・復旧のための計画立案や事前準備等を進めている。

さらに、全米を10ブロックに分け、ブロック毎に常設の地域事務所を設置している。

ウ　非常時対応

州又は地方政府の対応能力・資源を超えた大規模災害又は緊急事態で、甚大な被害のおそれがあると認められる場合は、州知事から大統領宣言発令を要請し、大統領により大規模災害宣言又は緊急事態宣言を発令する。

緊急事態宣言が発令されると、連邦政府と地方政府の活動及び資源を調整するために連邦調整官が任命され、FEMAを中心としてスタフォード法及び国家対応枠組に規定される連邦援助が開始される。なお、スタフォード法は、州や地方政府が災害などから生じた被害や損害を回復する責任を果たせるように、連邦政府が州や地方政府に対して、統一的かつ継続的な支援を提供するために1988年に制定された。

政府として緊急支援業務(ESF)を定め、その15に類型化された業務の遂行部門について、調整機関、主要機関、サポート機関として各省庁を指定しており、これらの機関相互の調整が難航する場合には、ＦＥＭＡが最終的な調整の責任を負うことになる。また、発災時には全国10か所の地域事務所から被災地に職員を派遣し、連邦政府と州政府との間の連絡・調整を実施する。

5　米国の民間防衛体制が示唆する日本への主な教訓

（1）憲法前文における「共同防衛」の欠如

連邦制を採る米国の憲法は、その前文で、国家の安全を保障するためには、「共同防衛」が重要であることを強調している。この共同防衛では、中央の連邦政府から州・地方政府に至るまで、また軍官民が一体となり、社会全体で国を守る防衛体制が必要であると説いている。

わが国の憲法には、国家国民が一体となって国の生存と安全を確保する体制の重要性は述べられていない。また、民主国家の主権者である国民に「国防の義務」と「民間防衛のあり方」なども明示されておらず、その結果、国民保護法として成立した法律の趣旨は、国民はあくまで国家によって守られるだけの立場で記述されている。

（2）米国の州兵に相当する「郷土防衛隊」の欠如

米国の州兵は、植民地時代の志願者から成る「自警団」としての民兵に起源があり、国家警備隊あるいは郷土防衛隊としての性格をもち、地域の緊急事態等において、大規模災害対処や暴動鎮圧等の治安維持などの主任務に携わっている。

わが国では、自衛隊に国防と地域の大規模災害などの緊急事態対処という「二つの異なる地位と任務」、すなわち連邦軍と州兵に相当する二つの役割が付与されている。

今日、わが国では東日本大震災などの大規模災害や台風による風水害が頻発しており、今後は、南海トラフ巨大地震や首都直下型地震などの大規模災害の発生が予測されている。また、自衛隊には、いわゆる国連PKOなどの国際平和協力活動の役割も増大している。

このような、多種多様な任務の急増に応えているものの、自衛隊は前掲の「主要国・地域の正規軍及び予備兵力（概数）」に見る通り、その組織規模が列国に比べて極めて小さいことから、本来任務である国家防衛への取組みが疎かになるのではないかとの懸念が高まっている。

自衛隊は、中国や北朝鮮からの脅威の増大を受けるとともに、ロシアに対する抑止にも手を抜けないことから、本来任務である国家防衛に一段と注力する必要がある。そのため、自助、共助を基本精神として具現化すべき、米国の州兵に相当する「郷土防衛隊」が欠如していることは大いに懸念されるところである。

（3）予備役制度の拡充の必要性

米国の予備役は、現役（常備）の連邦軍および州兵とともに米軍を構成する重要なコンポーネントの一つであり、「総合戦力（Total Force）」として一体的に運用される。その勢力は、約80万人である。

予備役は、陸軍、海軍、空軍、海兵隊、沿岸警備隊、陸軍州兵、空軍州兵の各予備役、そして公共保健サービス予備役団の八つから構成されており、その体制は極めて充実している。

米国の予備役に相当する日本の予備自衛官は、陸上自衛隊3万3千万人（即応予備自衛官4千人、外数）、海上自衛隊500人、航空自衛隊500人、合計3万4千人（即応予備自衛官4千人、外数）であり、主要国と比べて少ない勢力である（数値は、令和元年版『防衛白書』資料3「主要国・地域の正規軍及び予備兵力（概数）」による）。

近年、東日本大震災以降、即応予備自衛官が招集され、また、医療従事者、語学要員、情報処理技術者、建築士、車両整備などの特殊技能を有する予備自衛官補の需要も高まっており、この際、予備自衛官制度の抜本的な改革増強が急務である。

（4）国家非常事態における国家の総動員体制と組織の統合一元化の欠落

米国では、2001年の9・11同時多発テロを受けて、期待されていた関係各機関の調整能力には限界があり、より強力な連邦政府機関が必要であるとの認識が高まった。そして、「国土安全保障に関する国家戦略」（2002年7月16日）を策定し、米国本土をテロ攻撃から守るために、米国を動員、組織化することを戦略目標に、分散する国土安全保障の機能を再編・統合し、より強固なテロ対処能力を確保する体制がつくられた。

それが、沿岸警備隊やＦＥＭＡなどテロ対策に関係する8省庁の22の政府機関を統合したＤＨＳの創設となった。

日本国憲法には、その根本的な問題の一つである、国家の最高規範として明確にしておかなければならない「国家非常事態」についての規定も各省庁を統合する体制もない。

実際、東日本大震災において、自衛隊を出動させた根拠は、「災害対策基本法」を頂点とする災害対策関連法令を受けた「自衛隊の災害派遣に関する訓令」であり、また「原子力災害対策特別措置法」の下で、内閣総理大臣が発出した「原子力緊急事態宣言」に基づく自衛隊の部隊等の派遣要請である「自衛隊の原子力災害派遣に関する訓令」に依っている。

自衛隊は、それぞれ別個の法令を根拠として災害派遣を行った。これは、その他の国家・地方行政機関なども同様である。

一方、政府は、法令の定めるところに従って、大規模震災対処のための「緊急災害対策本部」ならびに原子力災害対処のための「原子力災害対策本部」をそれぞれ設置した。

しかし、今般のような複合した国家非常事態に際しては、国家の指揮組織を一元化することが不可欠であり、内閣総理大臣の一元的指揮監督の下、各行政組織がそれぞれの任務・所掌事務を一丸となって果たせるような統制された仕組みが欠落している。

このように、わが国の法体系においては、安全保障会議設置法、自衛隊法、武力攻撃事態対処法、国民保護法、災害対策基本法、原子力災害対策特別措置法などの安全保障・防衛及び災害関係法令が、いわゆる個別的かつ並列的に作られており、それらに大きな網をかぶせ、包括的にあり方を示す国家安全保障基本法が存在しない。そのこともあって、わが国の行政機構の欠陥である「国益よりも省益」の縦割り行政と平時調整型の事務処理から脱却できないため、国家安全保障・防衛及び災害に求められる国家としての総合一体的な取り組みと非常事態対処とを大きく阻害している。

わが国は、遅まきながら、先般の東日本大震災によって、国家と国民の安全を確保し、国家機能の発揮と国民生活の維持を図るには、国家非常事態（左記【参考】参照）についての規定が必要であり、その事態に備える国家の総動員体制として、安全保障・災害関係組織を一元的に運用し組織横断的な対処を可能とする法令上・組織上の枠組み作りが不可欠であるとの理解や認識が深まったと言えよう。

そのうえで、米国の「国土安全保障に関する国家戦略」に基づくＤＨＳの設置に至る取組みは、わが国の国家非常事態における安全保障・災害関係組織の統合一元化の必要性とそのあり方を示唆していると見るべきである。

【参考】国家非常事態とは

武力攻撃事態等のほか、内乱、組織的なテロ行為、重大なサイバー攻撃、大規模な自然災害や感染症の蔓延（パンデミック）等の特殊災害など、平時の統治体制では対処できないような重大な事態をいう。

〈出典〉筆者定義

第3章 「統合防衛」体制を支える韓国の民間防衛

1 大韓民国（韓国）憲法

(1) 全般

大韓民国（韓国）憲法は、米国の軍政（信託統治）下にあった1948年7月に制定、公布されたものであるが、その後9回の改正が行われている。これらの改正は、主に大統領と国会の権力関係を巡る統治機構と選挙制度に関わるものであり、1987年の第9回目の改正において、大統領が行政府の長としての性格と国家元首としての性格を併せた強力な権限を持つ、現行の制度となったものである。

韓国の現行憲法では、前文で「世界平和と人類協栄への貢献」を誓っており、それを受けて第5条第1項で「侵略戦争の否認」を定めている。そのうえで、同条第2項において「国軍は国家安全保障・国土防衛の義務遂行を使命」とし、「政治的中立性を遵守」することを、また第39条で「国民の国防の義務」を規定している。このほか、立法、行政、司法、それぞれの条章に安全保障・防衛に関する規定を設けている。

立法では、国会の「安全保障関係条約等の締結・批准への同意権」(第60条第1項)、「宣戦布告・国軍の外国派遣・外国軍隊の国内駐留の同意権」(第60条第2項)について定めている。

行政では、「大統領は国家の独立、領土の保全、国家の継続および憲法を守護する責務を負う」(第66条)と大統領の地位・責務を明確にしたうえで、「大統領の国軍統帥権」(第74条)、「緊急措置・命令権」(第76条)、「戒厳令宣布の権限とそれにともなう特別の権限」(第77条)を与えている。また、国務会議(閣議)での審議事項を規定した第89条では「宣戦等の重要な対外政策」(第2項)、「軍事に関する重要事項」(第6項)などを規定している。さらに、大統領が主宰する「国家安全保障会議の設置」(第91条)についても、憲法で定めている。

司法については、第110条で「軍事裁判を管轄する軍事法院の設置と軍事法院は、上告審は大法院が管轄するが、特別な場合には単審権をもつ」ことを定めている。また、第27条「国民の裁判を受ける権利」の第2項で「軍人または軍務員でない国民は、…、法律の定める場合及び非常戒厳が宣布された場合を除いては、軍務法院の裁判を受けない」と規定し、軍事裁判が一般国民には及ばないことを規定している。

さらに、韓国の憲法は、日本国憲法同様に国民の権利の保証について縷々《るる》定めているが、日本にはない「主要防衛産業体に従事する勤労者の団体行動権の制限・禁止」（第33条第3項）、「国家安全保障、秩序維持または公共の福祉のために必要な場合における、国民の自由および権利の制限」（第37条第2項）など権利制限の規定がみられる。

（2）国民の国防の義務

前述の通り、韓国の憲法は、第39条において「すべての国民は、法律が定めるところにより、国防の義務を負う。何人も、兵役義務の履行により、不利益な処遇を受けない」と記述し、国民の国防の義務を定めている。

その細部は、成人男子に兵役の義務を課している「兵役法」（第3条1項）のほか、「予備軍法」、「民防衛基本法」などの国防関係法令によって律せられている。

2 予備役制度

（1）兵役制度と予備役制度

韓国では、すべての国民に国防の義務があり、成人（成人年齢満19歳）男子には、一定期間軍隊に所属し国防の義務を遂行する「兵役」に服する義務が課せられており、兵役制度は徴兵制である。

満18歳で徴兵検査対象者となり、満19歳になる年に兵役判定の検査を受ける。判定が1～3級のものは「現役（兵）」、4級は「補充役（社会服務要員（民間人））」、5級は「第二国民役（有事時出動）」、6級は「（兵役）免除」、7級は「再検査対象者」となる。徴兵検査の判定区分、対象者及び服務形態は、次頁図表の通りである。

基本的に19歳で徴兵され、陸軍・海兵隊18か月、海軍20か月、空軍22か月の「現役」または「補充役」勤務が課せられており、その終了後、8年間は「予備役」に編入される。この間、年に数回招集を受け、有事に備えて半日～3日程度の再訓練を受ける。

予備役終了後も40歳まで非常事態に備えた「民防衛隊（民間防衛隊に相当）」に所属し、年一度簡単な訓練を受けて国防の一翼を担う。

このように、20歳で入隊した場合、それから約20年間の服務義務を全うするのが、韓国の徴兵制度である。

1～4級判定者は、満20歳～28歳の誕生日を迎える前までに入隊しなければならない。なお、2

徴兵検査の判定区分・対象者・服務形態

区　分	対　象　者	服務形態
現　役 （1～3級判定）	• 検査の結果、下記の身体基準と学力ともに基準を満たした者 1級：身長が161～203 cm で、BMI 指数が20～24.9の者 2級：身長が161～203 cm で、BMI 指数が18.5～19.9または25～29.9の者 3級：身長が159～160 cm で、BMI 指数が17～32.9の者。身長が161～203 cm で、BMI 指数が17～18.4または30～32.9の者	• 徴兵による現役兵として入営 • 一部陸軍、海軍、空軍、陸軍海兵隊、一部転換服務要員は、志願者から選抜 • 常勤予備役（自宅通勤）は、兵務庁が選抜（妻子のいる既婚者は志願も可能） • 月給306,100～405,700ウォン（二等兵～兵長）
補充役 （社会服務要員（民間人）） （4級判定）	• 検査の結果、医学的に現役の服務が不可能と判定された者 • 父母・兄弟に戦没・殉職・服務不可能な戦傷・公傷を負った軍警・軍人がいる者 • 一部実刑宣告者・受刑者・執行猶予者 • 身長が146～158 cm または204 cm 以上の者で、BMI 指数が14～49.9の者。または身長159～203 cm の者で、BMI 指数14～16.9、33～49.9の者	• 公的機関の公益目的遂行に必要な社会福祉、保健・医療、教育・文化、環境・安全など社会サービス業務・行政業務の支援に関する服務（自宅通勤：平日9～18時、土曜日9～13時、日曜休 ※業務形態により例外あり） • 芸術・体育の育成に関する服務 • 月給は現役と同様（交通費・食費別途支給）
第二国民役 （5級判定）	• 外国国籍取得者 • 外見上混血であることが明確な者（1991年12月31日以前出生者のみ該当） • 孤児 • 性転換者 • 一部実刑宣告者 • BMI 指数に関わらず、身長が141～145 cm の者。身長が146 cm 以上で、BMI 指数14未満または50以上の者	有事時出動
免　除 （6級判定）	• 現役・補充役の服務が不可能なほどの疾病・心身障害を持つ者 • 脱北者 • 体重に関わらず、身長が140 cm 以下の者	
再検査対象者 （7級判定）	• 疾病の治療中などで再検査が必要な者	
備　考	※2020年1月の情報です。 ※「現役」に区分されていた陸軍の「国防広報支援隊（芸能兵士）」は2013年8月1日から廃止されました。	

〈出典〉「徴兵制～韓国の軍隊制度」（KONEST）
https://www.konest.com/contents/korean_life_detail.html?id=557（as of February 18, 2020）

代表的な服務形態と服務期間

	服務形態	服務期間
現　役	陸軍／海兵隊	18ヶ月
	海軍	20ヶ月
	空軍	22ヶ月
	常勤予備役	18ヶ月
	代替服務（専門研究要員）	36ヶ月
	代替服務（産業技能要員）	34ヶ月
	代替服務 （学軍士官候補生、ROTC）	24ヶ月 （＋義務服務28ヶ月）
現役 （転換服務要員）	義務警察	18ヶ月
	義務警察（海洋）、義務消防員	20ヶ月
社会服務要員	行政官署要員	21ヶ月
	芸術・体育要員	34ヶ月
	代替服務（専門研究要員）	36ヶ月
	代替服務（産業技能要員）	23ヶ月

※兵役服務形態は多種多様ですが、代表的な形態は上記の通りです。服務期間も原則は上記のようになりますが、服務中の心身障害など健康状態によっては早期に除隊することもあります。
※表は2020年入隊者より適用される服務期間
〈出典〉「徴兵制～韓国の軍隊制度」（KONEST）
https://www.konest.com/contents/korean_life_detail.html?id=557（as of February 18, 2020）

０１８年の兵役法改正によって兵役延期の基準が厳しくなったが、各種高校、２年制・４年制大学、大学院、師範研修院の在学者、一部大学浪人生などの条件により入隊時期を延期することもでき、条件によってその制限年齢が異なる。

韓国の予備役は、北朝鮮の「労農赤衛隊」に対抗して創設された「郷土予備軍」であり、除隊者をもって編成された軍事組織である。

さらに、韓国では、総力安保体制が強く打ち出され、その具体策の一環として民防衛隊が組織されている。

（２）民間防衛団体である民防衛隊

民防衛隊の根拠となるのは「民防衛

文民保護組織が遂行する人道的任務 （ジュネーヴ民間防衛条約第61条）
①警報の発令、②避難の実施、③避難所の管理、④灯火管制に係る措置の実施、⑤救助、⑥応急医療その他の医療及び宗教上の援助、⑦消火、⑧危険地域の探知及び表示、⑨汚染の除去及びこれに類する防護措置の実施、⑩緊急時の収容施設及び需品の提供、⑪被災地域における秩序の回復及び維持のための緊急援助、⑫不可欠な公益事業に係る施設の緊急の修復、⑬死者の応急処理、⑭生存のために重要な物の維持のための援助、⑮①から⑭までに掲げる任務のいずれかを遂行するために必要な補完的な活動（計画立案及び準備を含む。）

基本法」である。同法は、その目的を「敵の侵攻又は全国若しくは一部地方の安寧秩序を危殆に瀕せしめる災難から、住民の生命及び財産を保護するため、民防衛に関する基本的な事項並びに民防衛隊の設置、組織、編成及び動員に関する事項を規定すること」としている。そして、「民防衛」を、「敵の侵攻又は全国若しくは一部地方の安寧秩序を危殆に瀕せしめる災難（以下「民防衛事態」という）から、住民の生命及び財産を保護するため、政府の指導下に住民が遂行すべき防空、応急的な防災、救助、復旧及び軍事作戦上必要な労力支援等一切の自衛的活動」と定義している。

すなわち、民防衛隊は、民間防衛団体であるものの、武力紛争（安全保障）事態のみならず国家レベル・地方レベルの大規模災害事態をも対象とし、ジュネーヴ民間防衛条約第61条（「文民保護」の定義及び適用範囲）の「文民保護組織が遂行する人道的任務」（上記図表参照）に準拠した任務を付与されている。

なお、「民防衛基本法」の仕組みについては、この後の項で詳しく説明する。

（3）現役および予備役の組織規模

韓国の総兵力は約62・5万人であり、郷土予備軍と民防衛隊を合わせた予備兵力は約3１０万人である（36頁「主要国・地域の正規軍及び予備兵力（概数）」〈令和元年版『防衛白書』参照〉）。

（4）管理体制

兵役義務者は、正式に部隊に配属される前に、新兵訓練所で陸軍5週間、海軍5週間、空軍6週間、海兵隊7週間の基本軍事訓練を受ける。

韓国では、毎月15日を「民防衛の日」に指定し、基本的に全国民が参加して実際に訓練が行われる。そのうち、年に2回は警報伝達、住民避難、交通統制などの公的訓練が、また年に6回はテロ、風水害、地震など地域特性に合わせた防災訓練が行われる。

3　民間防衛体制

本項では、韓国の民間防衛体制を法的に裏付ける、代表的な「民防衛基本法」と「統合防衛法」について説明する。

(1)「民防衛基本法」の仕組み

ア 「民防衛基本法」の概要

韓国の民間防衛体制は、公式には1975年の「民防衛基本法」によって始まったが、その前身は朝鮮戦争の最中、当初、国防部の戒厳司令部に民防空本部が設置され、のちに内務部治安局に移管された「民防空」に遡るものであり、1951年3月には「防空法」が制定された。

その後、1962年に「国家防空計画」が発表され、1971年12月には「防空・消防の日」が定められるなど逐次体制が強化された。1975年に民防空という用語を民防衛に改め、同年7月に「民防衛基本法」が制定された。

韓国において民防衛が導入された背景には、安全保障上の理由と災害対策上の理由の二点がみられる。

前者には、1975年4月にベトナム戦争において南ベトナムが敗北したことや、ラオスやカンボジアといったインドシナ半島の国々でも共産化が進んだことが挙げられ、朝鮮戦争が「休戦中」の分断国家であるという韓国の置かれた立場からの北朝鮮に対する警戒心の高さがある。

他方、後者は、都市化と産業化が進むなか気象変化による災難が増加したため、国民の安全を守り経済的な損失の最小化を図る必要があったからである。

民防衛基本法第2条第1号による、「民防衛」の定義は、「民防衛事態」から「国民の生命と財産を保護するために政府の指導下に国民が遂行しなくてはならない防空、応急的な防災・救助・復旧および軍事作戦上必要な労力支援等のあらゆる自衛的活動」であるとしている。

「民防衛事態」は、「戦時・事変またはこれに準ずる非常事態」（民防衛基本法）、「統合防衛事態」（統合防衛法）及び「災難事態の宣布または特別災難地域の宣布などの国家的災難、そのほかに国民安全処長官が定める災難事態」（災難および安全管理基本法）と規定している。

国と地方自治体はこうした事態から国と地域社会の安全を保障し、国民の生命と財産を守ることが求められ、すべての国民は民防衛に関する義務を誠実に履行する義務を負っている。

国においては、国務総理（首相）が民防衛に関する事項を総括・調整し、国民安全処長官の補佐を受ける。民防衛については国務総理所属の中央民防衛協議会において審議を行っている。

地域社会においては、民防衛を遂行するため、地域および職場単位で民防衛隊を置くことと規定し、すべての国民が義務を誠実に履行しなければならないとしている。

民防衛隊は、「地域民防衛隊」と「職業民防衛隊」に大別されており、職業民防衛隊は国家および地方自治体の機関や公共機関の職員によって構成される。地域民防衛隊はさらに「統・里民防衛隊」と「市郡区民防衛技術支援隊」に分かれており、前者は該当する統・里に居住する民防衛隊員によって構成され、後者は消防・防空・医療・電気・通信・土木・建築・化学・生物・放射能の技術を持った者で構成される。

前述の通り、韓国の男子には兵役の義務があり、兵役の義務を終えた後は予備軍に参加し、予備軍を終えた者はさらに民防衛隊に参加する規定になっている。民防衛隊は、20歳から40歳までの国

民防衛隊組織から除外される者

国会議員、地方議会議員、教育委員会の教育委員、警察公務員、消防公務員、更生職公務員、少年保護職公務員、軍人、軍務員、郷土予備軍、灯台員、請願警察、義勇消防隊員、駐韓外国軍部隊の雇用員、船員、島嶼で勤務する教員、現役兵入営対象者、その他大統領令で定める者（学生、公共職業能力開発訓練生、心身障害者、慢性虚弱者）

民の男子によって組織されるが、次頁図表に該当する者は、除外される。

一方、韓国国内では、「すべての国民は…民防衛に関する義務を誠実に履行しなくてはならない」とする民防衛基本法の精神からすると、男子のみに多大な負担を強いているとの指摘もあり、近年ではさまざまな自治体において、志願者による女性民防衛隊が作られるようになっている。

民防衛隊の活動内容は、第一に住民の自衛活動、第二に人道的活動、第三に非軍事的活動を大きな柱としている。

住民の自衛活動としては、純粋な民間人による民防衛隊を組織し、住民の生命と財産を保護することを目指している。

人道的活動としては、戦争や災害・災難から住民の生命と財産を保護する、ジュネーヴ条約に定める民間防衛組織の要員と同じ役割を挙げている。

非軍事的活動としては、政府指導下での非軍事的活動や非戦闘装備と機具の使用を挙げている。

民防衛隊の任務（民防衛基本法施行令第16条）は、平常時と民防衛事態発生時および発生するおそれがある場合に分けられる。

平常時の任務として、「挙動が不審な者」および「民防衛事態等」を申告する為の申告網の管理・運営、警報網管理と警報態勢の確立、共同地下揚水施設・退避所・退避施設および統制所の設置・管理、民防衛の為に必要な物資・装備の備蓄、灯火・音響管制の訓練、自らの施設の保護、消防および化学・生物・放射能汚染防止装備の設置・管理、民防衛教育訓練、その他の民防衛事態の予防・収束・復旧・支援活動に関する事項が挙げられている。

他方、民防衛事態発生時および発生するおそれがある場合の任務として、警報および退避、住民統制および疎散、交通統制および灯火管制、消火活動、人命救助および医療活動、不発弾等危険物の予察および警告、破損された重要施設物の応急復旧、民心安定の為の啓蒙および戦勝意識の鼓吹等の労力支援、その他に民防衛事態を収拾する為に必要な事項が挙げられている。

民防衛隊は年間10日、総計50時間の範囲で民防衛に関する教育と訓練を受けなくてはならず、教育および訓練命令を受けた者はこれに応じ、民防衛隊員は隊長と教官の訓練上の命令に服従しなくてはならない。一方、在監者や3か月以上国外に在留する在外国民、災害の復旧活動に参加する者、医療などの特殊技能者等は教育と訓練が免除されるという例外がある。

前述のとおり民防衛基本法では第25条において、毎月15日を「民防衛の日」として民防衛訓練を実施することができる旨規定している。住民は訓練に参加しなければならないが、近年では必ずしも毎月訓練が行われているわけではないようで、全国単位のものが2回（5、8月）、地方単位のものが6回（3、4、6、7、10、11月）と、全国単位のものよりも地域の特性を生かした訓練が多く行われるようになっている。なお、9月は、民防衛創設記念の「示範訓練」と位置付けられている。

イ　大規模山火事などの「国家災難事態」への民防衛隊の動員

２０１９年４月４日から、韓国北東部の江原道（カンウォンド）の高城（コソン）から江陵（カンヌン）一帯にかけ、同時多発的に韓国史上最悪といわれた「大規模山火事」が発生した。強風で火は瞬く間に燃え広がり、市街地にも延焼し、家屋や車両が炎上した。携帯電話の基地局も被害を受け、通信障害が起きた。住民ら約４千人が避難し、男性１人の死亡や多数の負傷者の発生が伝えられた。地元の教育庁は５日、すべての学校を休校とした。

文在寅大統領は（当時）５日未明、危機管理センターで緊急会議を開催し、「災難及び安全管理基本法」第36条（災難事態宣言）に基づき、大規模災害時に発令する「国家災難事態」を宣言した。それに基づき、人的被害の拡大を防ぐため、住民らを避難させるよう指示するとともに、各地から消防車やヘリコプターを動員し消火作業が行われた。

韓国行政安全省は、ガソリンスタンドの向かいにあった変圧器が火災で爆発し、被害が拡大したと判断した。

「国家災難事態」の宣言によって、宣言地域に災難警報発令、人材・装備・物資動員、危険区域設定、待避命令、応急支援、公務員非常召集などの措置と全政府次元の支援を通じて、より効果的な災難収拾が行われたと評価できよう。

また、「災難及び安全管理基本法」第39条（動員命令等）によって、中央本部長（行政安全部長官又は地域本部長（市・道知事又は市長、郡守若しくは区庁長）は、災難が発生したとき又は災難が発生するおそれがあると認められるときは、「民防衛基本法」第26条の規定による民防衛隊の動員の措置を講じることができると定めている。

(2)「統合防衛法」の仕組み

ア 「江陵（カンヌン）浸透事件」を契機に作られた「統合防衛法」

1996年9月、韓国の江原道（カンウォンド）江陵市において、韓国内に侵入していた北朝鮮の工作員（武装ゲリラ）を回収しにきた特殊潜水艦（サンオ型潜水艦）が座礁し、帰投手段を失った乗組員と工作員が韓国内に潜入した事案、いわゆる「江陵（カンヌン）浸透事件」が発生した。

この事件では、北朝鮮の浸透に備え陸海空からの警戒監視態勢を維持していたにも拘らず、北朝鮮の特殊潜水艦の座礁を発見するまでその潜入に気付かなかった。そのうえ、潜入・潜伏した僅か26名の工作員に対し軍・警察を動員して掃討作戦を行ったが、その終結まで韓国軍は49日間にわたり、最大6万人延べ150万人の投入を強いられた。また、夜間外出禁止令（屋内退避）と入山制限が発令されていたにも拘らず、それを無視してキノコ取りに入った民間人を工作員と誤認した韓国軍兵士が誤射し、また捜索中の警察官が工作員と誤認されて射殺された事故や韓国軍兵士の同士討ちが発生するなど、合わせて17人（内訳：軍人12人、警察官1人、民間人4人）の犠牲者を出した。

このように、工作員（武装ゲリラ）等の潜入に際し、国家として適切な対処が行えなかったという反省を踏まえ、本事件を契機に、韓国は1997年6月に「統合防衛法」を制定した。この法律のもと、国防関連諸組織（住民統制を行う自治体を含む）をすべて網羅して、外敵の侵入、挑発などに一元的に対処する仕組みを作っている。

イ 「統合防衛法」の概要

「統合防衛法」は、外敵の浸透・挑発やその脅威に対して、国家防衛の諸組織を統合・運用するための統合防衛対策を作成する目的で、必要な事項を規定している。

ここにいう浸透とは、外敵が特定任務を遂行するために大韓民国の領域を侵犯した状態のことである。また、挑発とは、外敵が特定の任務を遂行するために、韓国の国民または領域に加える一切の危害行為を指している。脅威とは、上記の浸透や挑発が予想される外敵の能力と意図が明確になった状態を示す。

国防に関連する組織として本法律が含むのは、①陸海空軍、②警察及び海洋警察、③（軍と警察、海洋警察を除く）国家機関および地方自治体、④郷土予備軍、⑤民防衛隊、⑥統合防衛協議会を置いている職場の六つの国家防衛要素といわれる組織である。

この場合、④、⑤、⑥は日本に欠落する機能であり、特に、民防衛隊が、いわゆる武力紛争事態に重要な役割の一端を担っていることは注目に値する。

前記6組織は、統合防衛法のもと、統一的な指揮下に置かれる。統合的な対処が必要となる事態が発生した場合は、統合防衛事態が大統領によって宣言される。この統合防衛事態の宣言は、中央統合防衛協議会と国務会議の審議を経て行われるものである。

「統合防衛事態」の三段階（統合防衛法第２条第３号）

甲種事態	一定の組織体系を備えた敵の大規模な兵力浸透または大量殺傷武器攻撃等の挑発で発生した非常事態で、統合防衛本部長または地域軍司令官の指揮・統制下に統合防衛作戦を遂行しなければならない事態
乙種事態	一部またはいくつかの地域で敵が浸透・挑発し短期間内に治安が回復するのが難しく地域軍司令官の指揮・統制下に統合防衛作戦を遂行しなくてはならない事態
丙種事態	敵の浸透・挑発の脅威が予想される、もしくは小規模の敵が浸透した時に地方警察庁長、地域軍司令官または艦隊司令官の指揮・統制下に統合防衛作戦を遂行し、短期間内に治安が回復できる事態

中央統合防衛協議会は、議長が国務総理であり、他には各部の長官、国家安全保障会議の委員、統合防衛本部長などが参加する。また、統合防衛事態には、外敵による侵入の規模や危険性の程度に応じて、上記のとおり甲種、乙種、丙種の三段階がある。

統合防衛事態の解除を行うのも大統領である。その際には、宣布の場合と同様に、中央統合防衛協議会と国務会議の審議が前提となる。ただし、国会は、協議会、国務会議とは別に、事態の解除を要求することができる。

統合防衛のための政策を決定し、統合対処の体制を監督し、統合防衛作戦の計画を作成するのは、統合防衛本部である。同本部は、軍の合同参謀本部内に置かれ、その長（統合防衛本部長）は合同参謀本部議長で、副本部長は合同参謀本部作戦参謀部長である。現実に統合防衛事態のもとで統合防衛作戦が実施される場合は、地方警察庁長、（陸軍）地域軍司令官、（海軍）艦隊司令官、空軍作戦司令官が、それぞれ防衛作戦を遂行する。統合防衛作戦に携わる公務員や、参加した国民がその職務を怠り、国家安全保障や統合防衛作戦に重大な支障をきたした場合は、その者には懲戒等の処分が課せられる。

また、必要な地域においては、地方自治体の長によって、住民の出入が禁止、制限され、時には退去を命じられる。さらに、地方自治体の長は、防衛作戦実施地域の住民には、退避命令を出すことができる。こうした命令に違反した場合には、懲役刑と罰金刑が課される。住民に対しても、統合防衛事態への協力が求められる。前記の制限や命令のほかにも、外敵の浸透や出現、その痕跡を発見した際には、直ちに申告しなくてはならない。

4　韓国の民間防衛体制が示唆する日本への主な教訓

(1) 日本国憲法には国防及び国民の「国防の義務」についての規定なし

韓国の憲法は、前述の通り、国軍の保持とその使命並びに国民の「国防の義務」について明記している。また、憲法の規定を根拠に、「民防衛基本法」を制定し、民間防衛体制を整備している。

一方、日本国憲法は、第9条2項で、「戦争の放棄、戦力の不保持、交戦権の否認」を謳い、国家の唯一の軍事組織である自衛隊は、憲法のどこにも明記されていない。現行憲法は、まさに「国防なき憲法」となっており、そもそも民間防衛を云々する以前に国家防衛について規定していないために、憲法より下位の国家行政組織法の規定を根拠として防衛省及び自衛隊を設置するなど、個別の法律を制定して対処している。民間防衛については、国民保護法の形で行うこととしている。

憲法には、主権国家として国家防衛のために自衛権を行使することについての定めや、そのために軍隊（国軍あるいは国防軍）を保持すること、国家防衛のために主権者たる国民の「国防の義務」についてなどの明記がないのがそもそも問題なのである。

（2）国民の「国防の義務」に基づく民間防衛体制の欠如

韓国は、憲法によって国民の「国防の義務」を定め、徴兵制度と民防衛隊を制度化してその目的に資する仕組みを作っている。

わが国の憲法には、国家と国民が一体となって国の生存と安全を確保するとの民主主義国家としてごく当たり前のことが記述されていない。そのため、民主国家の主権者であるすべての国民には「国防の義務」があることも、それを基礎として、韓国の民防衛隊と同じような「全国民参加型」の民間防衛体制が不可欠であることも国民の意識にはない。

しかしわが国では、国民の「国防の義務」の必要性を説くと、短絡的あるいは反射的に徴兵制の復活につながるとして、端から言論封じの動きが噴出する。

国民の「国防の義務」として徴兵制を敷くか、志願制を敷くかは全く別問題である。徴兵制を敷かなくても、韓国の民防衛隊のように自衛活動や人道的活動、非軍事的活動を通じて国民の「国防の義務」を果たす方策があり、民主主義国家の主権者として諸権利の追求と同時に、「自分の国、そして自分の身は自分で守る」という当たり前の義務を果たす仕組みを整備するのは、国民共通の課題である。

そうしなければ、現行の国民保護法のように、国民は一方的に守られる存在として位置付けられるだけで、国家を防衛すべきとの主権者意識は芽生えない。さらに、災害対策基本法では、災害における住民としての義務があるものの、それはあくまで自助の義務と自発的な防災活動への参加に限られているため、国や自治体から守られるのは当然との住民の意識が根強く、国家や地域に対し責任を果たす義務感は芽生えにくいと言わざるを得ないのではないだろうか。むしろ、ひたすら受動的な国民を保護することにより多くの労力を割かれるだけでなく、国防を理解しないことから国家や自治体の活動を阻害することも懸念される。

（3）国家非常事態に国を挙げて対処できる枠組みの欠如

韓国は、「江陵（カンヌン）浸透事件」を契機に、国家として適切な対処が行えなかったという反省を踏まえ、「統合防衛法」を制定し、この法律のもと、国防関連諸組織をすべて組み合わせ、網羅して、外敵の侵入、挑発などに一元的に対処する仕組みを作った。

わが国でも、東日本大震災において、国家として適切な対処が行えなかったことなど多くの問題や課題が指摘された。その反省を踏まえ、国家と国民の安全を確保し、国家機能の発揮と国民生活の維持を図るには、国家非常事態（前記参照）についての規定が必要であり、その事態に備える国家の総動員体制として、安全保障・災害関係組織を一元的に運用し組織横断的な対処を可能とする法令上・組織上の枠組み作りが不可欠であるとの理解や認識が深まったと言えよう。しかしながら、実際にはそのような憲法改正の議論や組織作り・法令制定の具体的動きは見られない。

今般提示した韓国の「統合防衛法」は、わが国が今後採るべき措置・施策として、大いに参考となるのではないだろうか。

第4章 「全民国防」下の台湾の民間防衛

1　中華民国（台湾）憲法

（1）全般

中華民国（台湾）憲法（2015年9月1日最終更新）は、その「まえがき」で、「国権を強固にし、民権を保障し、社会の安寧を確立し、人民の福利を増進する」（傍線は筆者）ために憲法を制定するとし、国家目標の四つの柱の一つに国防の重要性を掲げている。

以下、憲法の条文に沿って概観する。

同追加修正条文第2条では、「総統は国家あるいは国民が緊急危難に遭遇するのを防ぎ、もしくは財政経済上の重大事に対応するため、行政院会議の決議を経て緊急命令を発布することができる」と規定している。本条は、いわゆる国家緊急権に基づく「緊急命令」権の規定に該当するものと解釈される。

第2章「人民の権利義務」第20条においては、「人民の兵役の義務」について規定している。

第4章「総統」の項では、「総統は、国家元首であって、外に対して中華民国を代表する」（第35条）と規定し、総統による陸海空軍の統率（第36条）、条約締結及び宣戦、講和の権限の行使（第38条）及び戒厳令の宣布（第39条）の権限を定めている。つまり、総統は、中華民国（台湾）軍の最高指揮官であり、また、国家元首として宣戦、講和及び戒厳令を布告する権限を付与されている。

第10章「中央と地方の権限」第107条2項において、国防と国防軍事に関する事項は、中央が立法し、かつ執行すると規定している。

第13章「基本国策」第1節「国防」第137条において、「中華民国の国防は、国家の安全を防衛し、世界の平和を維持することを目的とする」と規定し、国防の目的を明示している。

なお、上記の内容については、本章末尾の参考92頁「中華民国（台湾）憲法―安全保障・国防関連条文の抜粋―」を参照されたい。

（2）国民の「国防の義務」と「全民国防」

前述の通り、中華民国（台湾）（以下「台湾」）は、憲法第2章「人民の権利義務」第20条において、

「人民の兵役の義務」について規定している。これは、軍務に服する義務を定めたものであり、非軍事の民間防衛などを含めた、いわゆる国民の「国防の義務」に比べ、より直接的な軍事的参加を求めるものである。

そのうえで、第20条などの憲法の規定に基づき、1992年2月に発行した最初の「国防報告書」の序文で「全民国防」を提唱した。

全民国防について、当時の陳履安国防部長が「現代の国防は国全体の国防であり、国家の安全を守るためには、全民の力を尽くして国家の安全を守るという目標を達成するための全国民の支持が必要である」と述べ、その後、国防法、全民国防動員準備法、全民国防教育法などの法律が制定施行された。

台湾における全民国防は、政府軍と民を統合した全民参加型の国防体制を採用し、有形の軍事力、無形の防衛力および利用可能な民間資源の総てを統合発揮することを目指している。

2 兵役制度と予備役

(1) 兵役制度

台湾は、1951年から徴兵制を採用してきたが、2011年12月13日、台湾・立法院で「兵役法」の改正案が可決され、2015年以降、徴兵制を廃止し、志願兵制へと移行することが決められた。志願兵制への移行は、兵士の専門性を高めることが主たる目的で、徴兵による入隊は2018年末までに終了した。そして、現在、「プロフェッショナルな軍の編制」を打ち出している。

改正「兵役法」では、志願兵の人数が軍の必要数を満たせない場合、台湾の最高執行機関である行政院が徴兵制を復活させることができる旨が定められている。それを踏まえ、台湾国防部（国防省に相当）は、2019年2月、今後も4か月の軍事訓練は課せられるとして、「『徴兵制が終了する』との報道は誤りである」とのプレスリリースを出し台湾軍の兵役制度を「志願兵制・徴兵制の併用」と説明している。

台湾男性は、19歳になると兵役の義務が発生し、徴兵検査を受ける。

1994年以降に生まれた人で、条件を満たす適齢男性は、4か月間の軍事訓練が課され、同訓練を課された男性は、福利および権利、義務などについて常備役を基準とした処遇を受ける。また、軍事訓練期間中に大学などへの就学も可能で、軍事訓練8単位を通学1日に換算し、合計30日を超えない範囲で適用することができる。

4か月の軍事訓練は、基礎訓練と専門訓練をそれぞれ8週間ずつ行う。基礎訓練は1日8時間の計320時間、専門訓練は1日7時間の計280時間である。

中台軍事力比較

		中　国	台　湾
総　兵　力		約204万人	約16万人
陸上戦力	陸上兵力	約97万人	約9万人
	戦　車　等	99/A型、69/A型、88A/B型など 約6,000両	M-60A、M-48A/Hなど 約700両
海上戦力	艦　　艇	約730隻　212万トン	約250隻　約20.5万トン
	空母・駆逐艦・フリゲート	約90隻	約30隻
	潜　水　艦	約70隻	4隻
	海　兵　隊	約4万人	約1万人
航空戦力	作　戦　機	約2,900機	約520機
	近代的戦闘機	J-10×488機 Su-27/J-11×329機 Su-30×97機 Su-35×24機 J-15×34機 J-16×150機 J-20×24機 （第4－5世代戦闘機合計1,146機）	ミラージュ2000×55機 F-16×143機 経国×127機 （第4世代戦闘機 合計325機）
参考	人　　口	約14億200万人	約2,300万人
	兵　　役	2年	徴兵による入隊は2018年末までに終了（ただし、1994年以降に生まれた人は4か月の軍事訓練を受ける義務）

（註）資料は、『ミリタリー・バランス（2021）』などによる。
〈出典〉令和3年版『防衛白書』

（2）予備役制度

前記の軍事訓練を終了した者は、予備役に編入される。予備役編入者は、40歳まで年間数週間の軍事訓練を受けることが義務付けられ、その後も62歳まで後備予備役（後備軍人）として登録されることになっている。

予備役の年間訓練は、点呼召集（1日）と教育召集（1～2週間）からなり、点呼招集では小銃の分解結合などの基礎的な訓練が、また教育招集では本格的な戦闘訓練が行われる。

また、台湾では、毎年恒例で、中国軍による攻撃を想定した、陸海空3軍が参加する台湾軍最大の軍事演習である「漢光演習」が実施される。

台湾軍歴者に対する聞き取り調査によれば、本演習に際し、例えば陸軍では、1個旅団規模の予備役が招集され、現役とともに演習に参加している模様である。

台湾軍の現役の総兵力は、約16万人である。

そのうち、陸軍が約9万人、海軍陸戦隊（海兵隊）が約1万人であり、予備役の勢力は、陸・海（含む海軍陸戦隊）・空軍合わせて約166万人とみられている（令和3年版『防衛白書』）。

3　民間防衛体制

（1）「国防法」の概要

台湾は、2000年1月に「国防法」を制定し公布した。

同法第3条では、「中華民国（台湾）の国防は、全民国防のため、軍事、国防、防災、そして国防に関連する政治的、社会的、経済的、心理的、科学的および技術的側面が含まれる。それは直接的かつ間接的に国防の目的に貢献する」（括弧は筆者）と定められている。

台湾の国防法は、「軍事的防衛」に加えて、「政治的防衛」、「社会的防衛」、「経済的防衛」および「心理的防衛」などを網羅した「包括的安全保障」を目指している。そのように、台湾にとっての現代の国防は、単に軍事的防衛や軍人の責任ではなく、国全体の総合力を十分に発揮して抑止力を高める必要があるとの認識に基づき、「全民国防」の必要性を強調し、各種施策を積極的に推進している。

(2)「全民国防動員準備法」の概要

台湾は、国防法第25条の規定に基づき、2001年11月に「全民国防動員準備法」を制定した。同法第1条は、「全民国防動員(以下「動員」)システムを確立し、国民の権利と利益を守るために、全民国防の概念を促進することを目的とし、この法律は、動員準備について規定する」としている。つまり、「全民国防動員」は、「全民国防」の概念を具体化するための骨格をなす重要な施策であると言える。

ア　動員段階の区分

同法第2条によると、動員は、「動員準備段階」と「動員実施段階」の二つの段階に分けられている。

動員準備段階は、動員準備の期間を指す。

動員実施段階は、戦争時に予備役を招集して現役化する期間、または国家緊急事態の発生時を指し、総統(大統領に相当)が憲法に則って緊急命令を発布し、それに基づき全体または部分的な動員が実施される。

イ　各動員段階の実施

(ア)動員準備段階

同法第3条によると、動員準備段階では、すべての政府権限を統合し、戦時中のすべての戦争・戦闘能力を確保し、また「防災・災害対策法」に従って防災を実施するため、人的資源、物的資源、金融、軍事の包括的な準備が実施される。

このように、全民国防動員準備法は、戦時の軍事作戦と重大災害を対象としており、準備段階は、これらの国家緊急事態への対応を周到に準備し、動員時の有効性を最大に発揮するためのものである。

なお、防災・災害対策法は、暴風雨、洪水、地震(土壌液化を含む)、干ばつ、霜、ごみの流出、火山災害などの自然災害、そして、火災、爆発、公共ガス、燃料配管、送電線故障、鉱山災害、航空事故、難破船、陸上交通事故、森林火災、有害化学物質災害、生物災害、動植物病、放射線災害、産業パイプライン災害および浮遊粒子災害など想定されるすべての災害を対象とし、一つの法律をもってそれらの予防及び災害対策について規定している。

(イ)動員実施段階

動員実施段階では、すべての民力を動員して軍事作戦を支援し、緊急事態に対処し、政府の緊急対応や人々の日常生活のニーズを維持し、起こり得る危害を排除または軽減して国全体の安全の確保が図られる。

中央省庁の動員準備計画

	中央省庁	動員準備計画
行　政	教育部 Ministry of Education	精神(士気)の動員準備計画
	内務部 Ministry of the Interior	人力の動員準備計画
	経済部 Ministry of Economic Affairs	物資・経済の動員準備計画
	財務部 Ministry of Finance	財力の動員準備計画
	交通部 Ministry of Transportation and Communications	交通の動員準備計画
	衛生福利部 Ministry of Health and Welfare	衛生の動員準備計画
	科技部 Ministry of Science and Technology	科技(科学技術)の動員準備計画
軍　事	国防部 Ministry of National Defense	軍事（軍隊及び軍需工業）の動員準備計画

〈出典〉諸資料を基に筆者作成

ウ　動員の体制（行政院における組織と権限）

動員準備のため、行政院全民国防動員委員会（以下「行政院動員委員会」）が設置される。同委員長は行政院長（首相に相当）が、副委員長は行政院副院長（副首相に相当）が務め、無任所の大臣をもって構成される。

国防部は、行政院の命令の下、行政院動員特別委員会（対策本部）の補佐業務を担任し、軍事支援と災害救助のための全民国防能力の総合調整機関としての役割を果たす。

同法第5条によると、動員準備は「行政動員準備」と「軍事動員準備」の二つに分けられる。行政動員準備は、中央省庁と地方自治体および郡（市）政府によって行われ、軍事動員準備は、国防部によって行われる。

中央省庁の動員準備計画は、上記図表のように所掌事務に応じて分任されている。

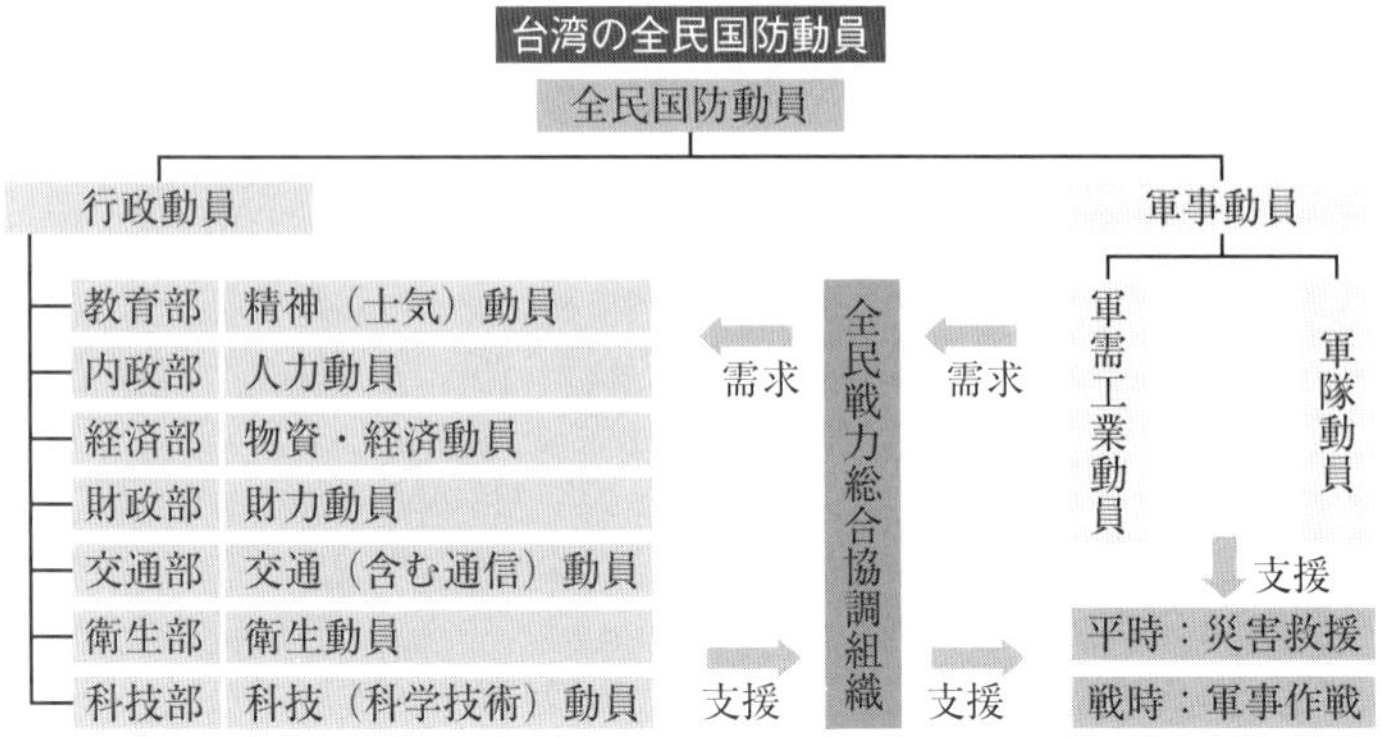

〈出典〉筆者作成

動員は、前述の通り、総統の緊急命令の発布によって全体または部分的な動員が発動される。

（3）「全民国防教育法」の概要

台湾は、国防法第29条の規定に基づき、2005年2月に「全民国防教育法」を制定し公布した。

同法第1条は、「この法律は、全民国防教育を促進し、全民国防に関する知識と国防意識を高め、国防の発展を促進し、国家の安全を確保するために制定された」とし、その目的を述べている。つまり、「全民国防教育」は、「全民国防」の概念を実行する心理的備えのための国民教育である。

強い敵（中国）の脅威に直面する中小の国（台湾）が、敵から身を守り、敵の侵略を阻止するためには、物理的な力と無形の力の組み合わせが必要であり、そのため台湾の国防は、国軍の有形の軍事力を強化するだけでなく、人々の目に見えない無形の防衛意志を強化することに重点が置かれている。

全民国防教育法第5条によると、全民国防教育は定期的に実施されている。その範囲には、①学校教育、②政府機関の実地教育、③社会教育、④国防文化財の保護と宣伝及び教育が含まれる。

台湾では、国防部総政治作戦局が国防と軍事に関する広報宣伝の主務機関であり、中学、高校、大学の国防教育図書を発行している。

学校教育では、国防教育を必修科目とし、青少年の愛国心と国防意識を高揚し、軍事能力の向上を図っている。その内容は、「国際情勢」、「全民国防」、「国防科技」、「国防政策」及び「防衛動員」からなり、中学・高校用及び大学用に分冊されている。このほか、基本教練や戦闘訓練なども行われている模様である。

このように、台湾は、全民の「精神的防衛」を国防の基礎とし、精神的防衛の中核は防衛意識を強化することとして、その教育を重視している。

（4）「全民国防」下における民間防衛体制

台湾は、「全民国防」の確固たる方針の下、「民間防衛法」（Civil Defense Act）を制定して民間防衛体制を整備している。

同法第1条は、「この法律は、民間の力と市民の自衛と自助の機能を有効に活用し、人々の生命、身体、財産を共同で保護し、平時の防災・救援の目標を達成し、戦時中の軍事任務を効果的に支援することを目的として制定される」と規定している。

民間防衛の範囲（「民間防衛法」第２条）
①航空攻撃情報の送信、警報の発令、防空避難と避難所、および航空攻撃による災害対処 ②重大災害の救助活動支援 ③地域の社会秩序の維持や市民の自衛に対する支援 ④軍事任務の支援 ⑤民間の力、訓練、演習、および任務遂行の組織化（Grouping） ⑥車両、工作機械、船舶、航空機、および民間防衛に関するその他の機器および資材に関する訓練、演習、および任務遂行の組織化（Grouping） ⑦民間防衛教育とその促進 ⑧民間防衛装備品の準備 ⑨民間防衛の備えに関するその他の事項

この目的から明らかなように、台湾の民間防衛法は、民間の力と市民による「共同防護」を基本とするとともに、平時の重大災害対処と戦時の軍事任務支援の平・戦両時を対象とした法律となっている。

民間防衛の主務官庁は、行政院の内政部であり、市レベルでは市町村政府、郡（市）レベルでは郡（市）政府である。

そして、同法第2条で、民間防衛の範囲を上記図表のように定義している。

その際、軍事任務の支援に関する民間防衛事業は、平時には、国防部と協力のうえ、内政部が管掌し、戦時には、国防部が内政部と調整のうえ、民間防衛隊を運用する（同法第3条）。

市・郡・町・村（李）の各自治体は、一般の民間防衛隊を組織する。

鉄道、道路、港湾、空港、通信、電力、石油精製、水道会社、その他の公的または個人の企業または機関は、特別の防衛隊を組織しなければならない。

前記以外で、100人以上の従業員からなる部門（機関）、学校、

第６条	①兵役法に従い、現役兵役を務め、軍事訓練を受けている者 ②年次動員計画に重要兵力として登録されている予備役 ③補助兵役チームに登録されている民兵及び予備役 ④代替兵役から退役し、兵役チームに登録されている者
第７条	①身体的または精神的な障害を持つ者 ②健康状態の理由で組織に適さない者 ③公的義務を有するため組織に参加できない者

組織、企業、工場については、それぞれ独自の防衛隊を、１００人未満の組織は、同じ建物または工業地帯において共同の防衛隊を編成しなければならない（以上同法第４条）。

なお、これらの組織や機関、企業は、日本の国民保護法で定められている指定公共機関や指定地方公共機関に相当すると見られる。

以上の民間防衛体制を成り立たせるため、同法第５条において、「中華民国（台湾）の市民は、民間防衛隊の組織に参加し、次の要件に従って民間防衛の訓練、演習、および義務を履行しなければならない」（括弧は筆者）と規定している。

これを根拠に、以上の組織、機関、企業の従業員に防衛隊への参加を義務付けるとともに、高等学校以上の生徒にも、該当する学校の防衛隊への参加を義務付けている。さらに、それらに該当しない20歳から70歳までの市民は、その居住領域、専門知識、経験、および体力に応じて選別され、民間防衛隊のいずれかのグループに参加しなければならない。

なお、上記図表の条件に合致する者（第６条）、あるいは基準を満たす者（第７条）は、民間防衛隊の組織に参加することを免除される。

4 台湾（中華民国）の民間防衛体制が示唆する日本への主な教訓

（1）全国民参加型の国防体制の欠如

台湾は、憲法第20条で「人民の兵役の義務」を定め、それを基に台湾全民参加型の「全民国防」体制を敷いている。

台湾は、九州とほぼ同じ面積の領土・領域を守るため、現役を約16万人にまで削減したが、約166万人の予備役を確保しており、有事には現役と予備役を併せて約182万人を動員することができる。さらに、高等学校以上の生徒を含めた70歳までの市民の力と自衛・自助の機能を有効に活用し、人々の生命、身体、財産を共同で保護する民間防衛体制を整備して、全民国防の実効性を担保している。

日本は、面積において台湾の約10倍、人口は約5・6倍であるが、現役自衛官は22・6万人、予備自衛官は約3・4万人、併せて約26万人の兵力を有するに過ぎない。そのうえ、民間防衛体制は存在しない。

日本と台湾は、世界最大規模の軍事力を誇示しそれを背景に東シナ海・南シナ海で一方的な現状変更を試みる中国の脅威に共に曝されている。台湾は、自分たちを守るために全民参加型の国防体制を採用しているが、それがわが国にも必要であることは自明であり、そのため、予備自衛官制度の飛躍的拡大と民間防衛体制の創設は避けて通れない喫緊の課題である。

（2）民間の力と国民の自助・共助の機能を組織化した民間防衛体制が欠如

台湾は、「人民の兵役の義務」を背景に、全民参加型の「全民国防」体制を敷き、現役及び予備役を背後から支える民間防衛体制を整備している。

その役割は、「民間の力と市民の自衛と自助の機能を有効に活用し、人々の生命、身体、財産を共同で保護し、平時の防災・救援の目標を達成し、戦時中の軍事任務を効果的に支援すること」にある。

民間防衛体制は、現役及び予備役以外の、高等学校以上の生徒を含めた70歳までの市民によって組織化されており、平時の重大災害対処と戦時の軍事任務支援の平・戦両時に備える構えになっている。

一方、日本における先の東日本大震災では、特に地方自治体による「公助」の絶対的不足と機能麻痺が指摘され、国民による「自助」と「共助」の重要性が再認識された。

つまり、わが国は、有事はもとより、大規模災害などの国家非常事態に備えるため、台湾を参考に、民間の力と国民の自助・共助の機能を組織化し、それを有効活用して公助と一体となった民間防衛体制が欠如しているのである。

（3）学校における国防教育の欠如

台湾では、「全民国防教育法」に基づき、台湾全民に対する国防教育に力を入れ、全民国防を知識や意識の面からも高めている。特に、学校教育では、国防教育を必修科目とし、青少年の愛国心と国防意識を高揚し、軍事能力の向上を図っている。

それに引き換え、日本の国防教育は、あらゆる世代を通じて皆無に等しい状態にある。

中国は、現代の戦争の本質を「情報化戦争」と捉え、「情報戦で敗北することは、戦いに負けることになる」として、情報優勢の獲得を戦いの中心的要素と考えている。そして、「情報化戦争」においては、物理的手段のみならず非物理的手段を重視し、「輿論戦」、「心理戦」および「法律戦」の「三戦」を軍の政治工作の項目に加えたほか、それらの軍事闘争を政治、外交、経済、文化、法律など他の分野の闘争と密接に呼応させるとの方針を掲げている。特に近年は、サイバー、電磁波および宇宙空間のマルチドメインを重視して情報優越の確立を目指そうとしている。

その際、情報の優越獲得の矛先は、軍事の最前線に限定される訳ではなく、相手国の政治指導者、ソーシャルサイトやメディアそして国民など広範なターゲットへ向けられるため、中国の「情報化戦争」は、一般国民の身近な生活や社会活動、ひいては国の防衛に重大な影響を及ぼさずには措かないのである。

台湾と同じように、中国の世論戦、心理戦、サイバー戦などの脅威に直面する日本としては、敵から身を守り、敵の侵略を阻止するには、物理的な力と無形の力を組み合わせる必要性に迫られている。自衛隊の防衛能力を強化するのは当然であるが、併せて国民が脅威を正しく認識し、防衛意識を高める施策が伴わなければならない。

そのため、特に学校教育では、国防教育を必修科目とし、青少年の愛国心と国防意識を高揚し、自衛隊の活動に関する理解を深め、それに協力して共に支える社会環境の醸成が不可欠であるものの、甚だ不十分な状況と言わざるを得ない。

【参考】中華民国（台湾）憲法―安全保障・国防関連条文の抜粋―
まえがき
中華民国国民大会は、国民全体の付託を受け、中華民国を創立した孫中山先生の遺教に依拠して、国権を強固にし、民権を保障し、社会の安寧を確立し、人民の福利を増進するために、この憲法を制定し、全国に頒布施行して、永く普く遵守することを誓う。

中華民国憲法追加修正（第7次憲法修正、2005年6月10日）条文第二条
③総統は国家あるいは国民が緊急危難に遭遇するのを防ぎ、もしくは財政経済上の重大事に対応するため、行政院会議の決議を経て緊急命令を発布することができ、必要な措置のため憲法第四十三条の制限を受けない。ただし命令発布より十日以内に立法院に送付して追認を受けなければならず、もし立法院が不同意の場合は、ただちに緊急命令は失効する。
④総統は国家の安全に関する重大方針を決定するため、国家安全会議および所属の国家安全局を設置することができ、その組織は法律によってこれを定める。
⑤総統は、立法院において行政院院長に対する不信任案が通過してより十日以内に、立法院院長に諮問した後、立法院の解散を宣告することができる。ただし総統は戒厳令もしくは緊急命令の有効期間中においては、立法院の解散はできない。立法院の解散後六十日以内に立法委員選挙を実施しなければならず、選挙結果確認より十日以内に立法院は院会を開き、その任期はこれより新たに起算される。

第二章 人民の権利義務
第九条 人民は、現役軍人を除いて、軍事裁判を受けない。
第二〇条 人民は、法律の定めるところにより兵役に服する義務を負う。

第四章 総統
第三六条 総統は、全国の陸海空軍を統率する。
第三八条 総統は、この憲法の規定により条約締結及び宣戦、講和の権限を行使する。
第三九条 総統は、法により戒厳令を宣布する。但し立法院の可決又は追認を経なければならない。立法院が必要と認めたときは、決議により総統に戒厳の解除を要請することができる。
第四三条 国家に天災、疫病が発生し、又は国家財政経済上重大な変動があり急速な処分を必要とする場合は、総統は、立法院休会期間中にあっては、行政院会議の決議を経て緊急命令法により、緊急命令を発布し、必要な処置をとることができる。但し命令発布後一箇月内に立法院に提出して追認を求めなければならない。立法院が同意しないときは、その緊急命令は、直ちに効力を失う。

第十章 中央と地方の権限
第一〇七条 次の事項は、中央が立法し、且つ執行する。
一 外交
二 国防と国防軍事

第十三章 基本国策
第一節 国防
第一三七条 中華民国の国防は、国家の安全を防衛し、世界の平和を維持することを目的とする。②国防の組織は、法律を以て定める。
第一三八条 全国陸海空軍は、個人、地域、党派関係を超越して国家に忠節を尽し、人民を愛護しなければならない。
第一三九条 如何なる党派及び個人であるかを問わず、武装力量を以て政争の具としてはならない。
第一四〇条 現役軍人は、文官を兼任することができない。

第5章 「永世中立」政策を国是とするスイスの民間防衛

1 スイスの「永世中立」政策

スイスは、ドイツ、フランス、イタリア、オーストリア、そしてリヒテンシュタインの5か国によって完全に周辺を取り囲まれている。過去には、何度となく周辺国から侵略を受け、あるいは、スイスの領域を通過して戦争が行われた。

そのような歴史的経過をたどってスイスは、ナポレオン戦争後のウィーン会議（1814～15年）で関係国との議定書に基づく条約上の義務を有する永世中立国として承認された。

スイスの「永世中立」政策は、以下述べるように、民兵制の原則（非専業原則）に基づいた「国民皆兵」制度の下、軍隊と民間防衛、すなわち軍民の力を結集した国防努力によって成り立っている。

2 スイス憲法

(1) 国防及び緊急事態の規定

スイスは、憲法第58条第1項に「スイスは軍隊を持つ。基本的には民兵制の原則の下に組織される」と規定している。同第2項に、軍隊の主な任務として、①戦争の防止及び平和の維持、②国土防衛、③国内的安全への重大な脅威が生じた場合及びその他の非常事態の場合（自然災害など）における非軍事部門の支援の三つを定めている。

また、同第59条第1項で「すべてのスイス人男性（18歳以上）は、兵役に従事する義務を負う。非軍事的代替役務については、法律でこれを定める」と規定している。

さらに同条では、「スイス人女性については、兵役は、任意である」（第2項）、「兵役にも代替役務にも従事しないスイス人男性には、税が課される」（第3項）と定めている。

スイスでは、1960年代後半から兵役拒否者が増加した。その者たちに対しては、厳しい刑罰が科せられたため、大きな社会問題となった。

そのため、1996年に憲法が改正され、良心・信条上の理由による兵役拒否者には兵役の代わりに「社会奉仕」が認められるようになった。それが憲法59条第1項に定める「非軍事的代替役務」であり、市民的代替役務とも呼ばれるもので、社会福祉（施設）、病人看護、身体障害者の生活補助や環境保護といった分野の社会奉仕に携わることであり、その後、消防（ボランティア消防士）も含まれるようになった。

スイスは、三権分立の民主主義の国であるが、スイス憲法の第148条第1項で、「連邦議会」を連邦の最高機関として位置付け、行政、司法に対し、優越する地位を認めている。連邦議会の権限の中には、「軍の総司令官を選挙する権限」（第168条第1項）が含まれる。

その連邦議会の選挙で選ばれた4年任期の7名で構成される「連邦参事会」（日本の閣議に当たる）が、連邦の最高意志決定機関であり最高指揮執行機関である。連邦参事会は、構成員すべてが対等で、7名の構成員の中から1年交代で選ばれた大統領が議長を務め、合議制により意志決定を行う。

緊急事態に関する憲法の規定は、連邦議会（第173条第1項b号）と連邦参事会（第185条第2項）に対して、国内的安全を守るための措置を講ずる権限を帰属させている。第173条第1項c号には、「特別な事情により必要とされる場合」には、連邦議会は、スイスの対外的安全、国内的安全等の保護のため、命令又は単純連邦決議を制定することができるとしている。

「特別な事情により必要とされる場合」とは、緊急事態を指しており、そのような場合には、国民投票に付託される可能性のない法令、つまり、命令又は単純連邦決議により必要な措置をとることができる。

連邦参事会は、公の秩序又は国内的安全に対する現在又は急迫した重大な攪乱に対処するため、命令を制定し、決定を下すことができる。また、連邦参事会は、緊急の場合には軍隊を動員することができる。軍隊の動員の規模が4、000名を超える場合又は軍隊の動員が3週間を超えて継続する場合には、連邦議会が遅滞なく招集されなければならない。

以上のことから、国内外の安全の保護は、連邦議会と連邦参事会の両者に帰属する任務・権限であると見ることができる。

(2) 憲法の枠を超える緊急事態に対する措置

上記で述べている「特別な事情により必要とされる場合」、すなわち緊急事態とは、憲法の枠内で対処できる緊急事態を想定したものであるとされている。換言すると、スイス憲法には、憲法が想定した枠を超える緊急事態、すなわち、立憲主義の停止が必要とされるような国家緊急事態が生起した場合の対処についての規定がない。そのため、スイスには、そのような国家緊急事態に際し、次のような超憲法（法規）的対処を行った実績がある。

過去、2度の世界大戦の際、1914年と1939年に、いわゆる「全権委任決議」により、連邦議会は、連邦参事会に無制限の全権を委任し、憲法秩序の一部の変更を認めた。

この決議は、国民投票に付託されず、憲法上の根拠を有するものではなかった。このように実務において、憲法の規定を超える国家緊急権を認めており、学説の多数もそれを支持している。

その多数派の学説によると、自由な国家の存立、国の独立又は住民の生存が問題となっている場合には、憲法秩序の制限は正当な措置として認められ、そのような緊急事態においては、連邦議会が招集され、必要な措置を講じ、それが民主的な権利、自由権、連邦制国家の権限を侵害する措置であっても許されるとされる。また、議会が招集できない場合には、連邦参事会に包括的な国家緊急権が認められるとされている。

3 民間防衛

(1) スイス憲法の「民間防衛」に関する規定

スイス憲法では、第3編「連邦、州及び市町村」第2章「権限」第2節「安全、国防、民間防衛」の第61条（民間防衛）において、以下の通り、民間防衛について定めている。

①武力紛争の影響に対する人及び財産の民間防衛についての立法は、連邦の権限事項である。
②連邦は、大災害及び緊急事態における民間防衛の出動について法令を制定する。
③連邦は、男性について民間防衛役務が義務的である旨を宣言することができる。女性については、当該役務は、任意である。
④連邦は、所得の損失に対する適正な補償について法令を制定する。

⑤民間防衛役務に従事した際に健康被害を被った者又は生命を失った者は、本人又は親族について、連邦による適正な扶助を要求する権利を有する。

（2）「民間防衛（Civil Defence）」から「市民保護（Civil Protection）」へ

ア　背景・経緯

欧州を主戦場とした東西冷戦が終結し、欧州を中心に、民間防衛の課題が武力紛争対処から災害対処へと重点を移行した。従来の民間防衛（Civil Defence）は、全国民にシェルターを用意するなど市民保護（Civil Protection）の概念が強調されるようになった。

このような情勢の変化を背景として、憲法第61条の基づき、スイスでは、2004年に「市民保護システム（Civil Protection System：CPS）に関する連邦法」が制定された。

イ　CPSの任務

CPSの任務は、災害、緊急事態、武力紛争が発生した場合、指揮・調整・管理を担当し、保護・救助・救済を提供し、損害を補償・処理し、住民とその重要な財産を守ることとされた。

ウ　CPSの概要

（ア）組織・体制

連邦政府の「国防・市民保護（民間防衛）・スポーツ省」・「連邦市民保護庁」の下に、州・市民保護部局があり、次いで地方自治体・市民保護事務局、そして市民保護組織（民間防衛隊）へと繋がる体制になっている。

（イ）各組織の役割

〈連邦市民保護庁〉

１９６３年に設置され、98年以降、国防・住民保護・スポーツ省の下で、市民保護に関する危険・リスク分析と実施計画、教育・訓練、ＮＢＣ防護、シェルターの整備、資器材の管理、文化財保護等に関する企画・推進を担当し、州、地方自治体による執行を監督する。

〈州・市民保護部局〉

連邦の定めた諸規則を執行する役割を担い、州指揮下の①警察・②消防・③公共医療サービス・④技術サービス（電気・水道・ガス等のライフライン、廃棄物処理、輸送・ＩＴ機能の維持）および連邦指揮下の⑤市民保護組織（民間防衛隊）と軍とを統合して対処する。

〈地方自治体・市民保護事務局〉

連邦及び州の定めた諸措置を具体化する役割を担い、市民保護組織（民間防衛隊）を組織・運用する。

〈市民保護組織（民間防衛隊）〉

緊急事態に際し、警察、消防、公共医療サービス、技術サービスと協力して住民のシェルターへの避難誘導、救助等を実施する。

（ウ）シェルター（避難所・設備）の整備

スイスでは、国民の95％を収容できるシェルターが整備済みであり、旧型のシェルターを含めると100％程度に達する。

また、一戸建ての家を建てる場合は、地下に核シェルターを設置することを義務付けている。

（3）市民保護組織（民間防衛隊）

前述の通り、市民保護組織（民間防衛隊）は、民兵制の原則（非専業原則）に基づいた「国民皆兵」制度の下に作られている。

スイス人男性は、18～30歳まで兵役義務があり、兵役義務を終えた男性は40歳まで民間防衛に従事する。40歳以降は各人の自由意志となっている。

非軍事的（市民的）代替役務に従事する男性及び代替役務に従事しない男性は18～40歳まで民間防衛に従事し、18歳以上の女性は自由意志で参加が可能である。

市民保護組織（民間防衛隊）では、各自の技能・専門分野に応じて配置され、当初、最長5日間の訓練、数年に1度の自治体訓練を受ける。

市民保護組織（民間防衛隊）の任務・役割は、災害、緊急事態（感染症の蔓延、情報インフラのダウンなど）および武力紛争時、住民のシェルターへの避難誘導・保護救助、医療活動、シェルターでの食・住の援助、資器材の輸送（物流の強化）、文化財の保護、警報の伝達・通信機能の維持、有毒ガ

まえがき
今日では戦争は全国民と関係をもっています。国土防衛のために武装し訓練された国民一人一人には、『軍人操典』を与えられますが、『民間防衛』というこの本は、わが国民全部に話しかけるためのものです。この2冊の本は同じ目的を持っています。つまり、どこから来るものであろうとも、あらゆる侵略の試みに対して有効な抵抗を準備するのに役立つということです。

軍は、背後の国民の士気がぐらついていては頑張ることができません。軍の防衛線のはるか後方の都市や農村が侵略者の餌食になることもあります。どの家族も、防衛に任ずる軍の後方に隠れていれば安全だと感じることはできなくなりました。

一方、戦争は心理的なものになりました。精神一心がくじけたときに、腕力があったとて何の役に立つでしょうか。反対に、全国民が、決意を固めた指導者のまわりに団結したとき、だれが彼らを屈服させることができましょうか。

民間国土防衛は、まず意識に目ざめることから始まります。

国土の防衛は、もはや軍にだけ頼るわけにはいきません。われわれすべてが新しい任務につくことを要求されています。今からすぐにその準備をせねばなりません。

（スイス連邦法務警察長官）


スの測定・対処、自助救済の指導などである。

（4）スイス政府編『民間防衛』（Red Booklet）に見る民間防衛の精神

東西冷戦時代に作られたスイス政府編『民間防衛』は、冷戦終了とともに廃刊となっているが、その精神は、ＣＰＳの中に脈々と受け継がれている。

そこで、改めてスイス政府編『民間防衛』を振り返り、スイスの民間防衛の位置づけがわかる部分を上に抜粋する。

上記「まえがき」のように、民間による国土防衛という概念が明確にされている。その中核となるのは、国土防衛は、国民全員による国土を防衛する意識であるとの考えである。

さらに、国土を防衛するにあたって、国民がどのように国家に対して思いを持つべきものである

(避難所の建設)

我々は、避難所を建設する必要がある。

基準どおりの避難所は、防護度1と認定される。

避難所は、爆心地から離れていれば、核爆発による振動、第一次放射能、放射性の灰、あるいは通常爆弾などに対する防護手段としての役割を果たすばかりでなく、焼夷弾やそれによる燃焼の危険、建物の倒壊、破片、細菌化学兵器などに対しても、同様の役割を果たしてくれる。


(祖国)

わが祖国は、わが国民が、肉体的にも、知的にも、道徳的にも、充分に愛情を注ぎ奉仕する価値がある。

共同体全体の自由があって、初めて各個人の自由がある。われわれが守るべきはこのことである。

各人の義務は、民主主義の法則に従って生き生きと生きることである。公けの問題に無関心であることは、この義務に忠実でないことを意味する。

もしも国民が、自分の国は守るに値いしないという気持ちを持っているならば、国民に対して祖国防衛の決意を要求したところで、とても無理なことは明らかである。

国防はまず精神の問題である。


(抵抗運動)

すべての国民は、その願望、伝統および信条に従って自己決定の権利を有する。諸国は国際連合憲章の中でこの権利を正式に認めた。したがって、すべての国民は、外国の暴力行為に対しては、抵抗する権利を有する。

国土を占領した抑圧者に抵抗することは、厳しい努力を要する。地下抵抗闘争においては、罪のない人々が無駄に苦しまず、また、無益な血を流さぬように戦わなければならない。


かについて、詳細に述べている。

また、特徴のある義務として、避難所の建設についての記述が上記のように述べられている。

更には、敵に国土を占領された場合に、国民に対して抵抗運動を行うことについても記述されている。

スイスの安全保障は、軍民の国防努力いかんによって左右されるとの考えが、『民間防衛』では強調されている。

つまり、軍が国防の責任をもっているのに加えて、民間人及び民間団体組織にも国防努力の必要性が認識されているのである。これが日本との大きな違いである。民主主義国家である祖国スイスを愛し、国土防衛の意識を持ち、仮に敵に占領されたとしても、抵抗運動を継続して、国家を取り戻す努力をするとの意思が、民間防衛には貫かれているのである。

4　スイスの民間防衛体制が示唆する日本への主な参考事項

スイスの場合は、永世中立国としての国家政策の下、国防や民間防衛の努力がなされており、日米安全保障体制下で安全保障を構築している日本とは大きく異なる。よって、直接的に教訓にはなりにくいものの、民主主義国家としての国防の在り方には大いに参考にすべきことがある。

スイスの「永世中立」政策は、民兵制の原則（非専業原則）に基づいた「国民皆兵」制度の下、軍隊と民間防衛、すなわち軍民の力を結集した国防努力によって成り立っている。

スイスの安全保障は、軍民の国防努力いかんによって左右されるとの考えが、『民間防衛』の冒頭に記述されている。軍が国防の責任をもっているのに加えて、民間人及び民間団体組織にも国防努力の必要性が認識されているのである。

前掲の『民間防衛』の祖国の項に記述されている、「もしも国民が、自分の国は守るに値いしないという気持ちを持っているならば、国民に対して祖国防衛の決意を要求したところで、無理なことは明らかである。国防はまず精神の問題である」との考えこそが、日本の防衛に全く欠けているところである。

日本政府も、国防は何よりもまず心と精神の問題であることを、学校教育そして国民教育の場で、真摯に国民に問い掛けなければならない。

また、スイスは、国民のほぼ100%を収容できるシェルターを整備済みである。

わが国も、大規模災害や武力攻撃事態などの場合には、国民を安全な場所に避難誘導することは避けて通れない最重要課題であり、核攻撃にも耐えうる避難所と必要な設備の整備を義務化することは喫緊の課題である。憲法改正には主権者である国民の認識が進むことが必要であり、それには時間がかかることが予測される。

現行憲法の下で日本では、国家防衛のもととなる法律として事態対処法（「武力攻撃等及び存立危機事態における我が国の平和と独立並びに国及び国民の安全の確保に関する法律」）が策定された。そして国民保護法が制定されている。また、自衛隊法によって、自衛隊の運用が規定されている。しかし、国民による国防についての認識を深める規定は存在していない。国家として、一丸となって武力攻撃事態に対応するとの意思こそが重要になるのである。スイスの民間防衛体制や民主主義国家として当然である国民の国防についての意思の在り方は、参考にすべきであろう。

次の第2部では、日本の現行国民保護法制について述べ、ここまで観てきた諸外国と比較してより具体的な問題点を剔出《てきしゅつ》してみたい。

第2部　日本の「民間防衛」のあり方

第1章で、わが国の国民保護法の前提となっている武力攻撃事態等とは、着上陸侵攻、弾道ミサイル攻撃、ゲリラ・特殊部隊による攻撃、航空攻撃であり、陸上、海上、航空といった従来領域での脅威を想定している。

一方、第1部で見た諸外国の民間防衛では、より幅広い様々な脅威から国民を守るための諸制度を垣間見ることができた。すなわち、武力攻撃事態への対処から始まった民間防衛の制度が、平時から有事のあらゆる脅威に対処するための国民参加型の制度へと発展してきたことに気づかされる。そこには、自然災害時の「市民保護」は当然含まれる。加えて、ハイブリッド戦や超限戦と呼ばれる、平時から連続してあらゆる手段を駆使して行われる、目に見えない侵略の脅威への対処や、武力攻撃事態と連携したサイバー戦等への対処などが、現代戦では常態となってきている。いわゆるマルチドメイン（多領域）での戦いへの対処とそれに応じた「民間防衛」が極めて重要なのである。

このことは、わが国の「民間防衛」の在り方を考えるにあたって、十分に考慮しなければならないことである。

そこで、第2部では、まず第1章として日本の国民保護法と諸外国の民間防衛との比較を行いその問題点等を踏まえつつ、第2章では今後の民間防衛を考えるうえでの土俵ともいえるマルチドメイン作戦とはどのような戦い方であり、何が脅威となるのかを概観し、それを前提とした民間防衛のあり方について考えてみることとする。

そのうえで、第3章で民間防衛組織創設に向けての法的枠組みに関して提言を述べる。

第1章

日本の国民保護法と諸外国の民間防衛との比較

第1部では、日本の唯一の同盟国である米国と、日本と同じように中国や北朝鮮の脅威に直面し、かつ自由、民主主義などの基本的価値を共有する隣接国の韓国と台湾、及び「永世中立」政策を採り世界で最も民間防衛に力を入れているスイスの4か国を対象とし、安全保障・防衛に関する取組みの根拠となる憲法や関連する法令及び「民間防衛」に関する仕組みなどについて概観した。

それを基に、日本の国民保護法と諸外国の民間防衛の内容を比較すると、次頁表のように整理することができる。

本研究は、わが国の民間防衛のあり方を模索するものであるが、同表はその前提として民間防衛と関係性が強く、同時に検討しなければならない課題を明らかにしている。特に、同表の左列の各

安全保障・防衛に関する各国の憲法等の記述（比較）

	日　本	米　国	韓　国	台　湾	スイス	備　考
国民の「国防の義務」	×	◎（＊1）	◎	◎（＊2）	◎	＊1：common defense ＊2：兵役の義務
国家非常事態とその権限	×	◎	◎	◎	◎	
自衛権の行使	○（＊3）	◎	◎	◎	○	＊3：憲法第９条２項
軍隊の保持	×	◎	◎	◎	◎	
民間防衛	×（＊4）	◎	◎	◎（＊5）	◎	＊4：ただし、国民保護法あり ＊5：全民国防
備　考	◎：憲法や法律に明確な規定がある。 ○：憲法や法律に直接的な記述はないが、文脈から同趣旨と理解できる規定がある。 △：憲法や法律に直接的な記述はないが、類似の趣旨と理解できる規定がある。 ×：憲法や法律に一切の規定がない。					

項目は、日本の憲法あるいは法律のあり方を考えるに当たり、重要なテーマであることを示唆している。

1　国民の「国防の義務」

国民の「国防の義務」については、日本を除く4か国すべての憲法に明確な規定がある。

特に台湾は、「人民の兵役の義務」として軍務に服する義務を定め、より直接的な軍事的参画を求めている。また、米国の場合は、「規律ある民兵は、自由な国家にとって必要であるから、人民が武器を保有し、携帯する権利は、これを侵してはならない」と規定し、国民の民兵としての役割を強調するとともに、武器を保有する権利すなわち武装の権利を保障している点に大きな特徴がある。

2　国家非常事態

国家非常事態に関しても、日本を除く4か国すべてが憲法で規定している。

アメリカの憲法には、国家緊急権に関する明示的な規定はないが、実際の国家的な危機に際し、大統領は、いわゆる大統領の「大権による統治」権を行使し、「国家緊急事態宣言」を発して国家指揮権限者（national command authority）としての役割を果たしている。その際、「大権による統治」とは、制定法に基づかない国家元首（君主、大統領）による統治行為を意味する。

加えて、大統領が有する権限の憲法上の根拠としては、執行権が大統領に帰属すること（第2条第1節第1項）、大統領が軍の総指揮官であること（第2条第2節第1項）及び大統領が法の忠実な執行に留意すること（第2条第3節）などである。また、非常時の対処については、侵略等の事態における人身保護令状の停止（憲法第1条第9節第2項）や、非常時の大統領による議会召集（第2条第3節）についての規定がある。

英米法では、緊急（非常）事態にあたり、特有の制度である“martial rule”（軍政）に基づき、大統領が、公共の安全を保障するため、法律で明示的に禁止されていないあらゆる措置を講ずることができるとされている。このような広範な大統領の権限に対し、議会は「戦争権限法」、「国家緊急事態法」等の制定を通じて、一定の制約を試みている。

ちなみに、日本の憲法は米軍占領下に米軍主導で起案され、英米法をベースに記述されている。しかしながら、そもそも日本の憲法以外の国内法律体系は大陸法であるため、緊急事態における"martial rule"は認められていない。

column

大陸法

ドイツ、フランスなどを中心とするヨーロッパ大陸諸国の法。英米法に対する。ローマ法の流れをくみ、近代自然法思想を背景とする。形式上は成文法主義（法典化）が特色。日本の近代法体系はおもに大陸法にならっている。

〈出典〉株式会社平凡社百科事典『マイペディア』

3　自衛権の行使と軍隊の保持

国家の自衛権は、国際連合憲章第51条で「武力攻撃が発生した場合には、…個別的又は集団的自衛の固有の権利を害するものではない」としている通り、自衛権は国際法上で認められた国家の基本的権利であり、自然法上の自己保存権と密接不可分の関係にある。

したがって、それを明示的に憲法で謳っている国はないが、国防の義務、軍隊の保持、宣戦布告の権限などは、自衛権の行使を前提とした規定であると解釈される。韓国の憲法には、自衛権行使と裏腹の関係にある侵略戦争否認に関する規定がある。

軍隊の保持については、いずれの国も憲法で明示し、その主な任務が国防であることを謳っている。なお、軍隊の任務・権限等についての具体的な規定は、関係法律に明示している場合が多い。

4 民間防衛

民間防衛についての明確な記述のある国は、研究した4か国のうち韓国、台湾、スイスである。米国は、憲法で、「各州および国民の力を結集し社会全体で国を守る」ことを意味する共同防衛（common defense）や民兵、武器の保有権限などを定めており、その規定によって民間防衛の趣旨を十分に読み取ることが可能である。

このように、各国の安全保障・防衛に関する取組みの根拠となる憲法等と対比しつつ、改めて日本国憲法を振り返ると、①前文の他国依存と他律的な平和主義、②戦力の不保持と交戦権の否認、

③国家緊急権に基づく国家非常事態条項の不在、④国民の「国防の義務」の不在、⑤民間防衛を含め安全保障・防衛のあり方について一切の規定がないことなどの問題が浮き彫りとなる。

つまり、日本国憲法は、世界標準から大きくかけ離れ、その非現実性と特異性の面において際立った存在となっており、安全保障・防衛に関する規定が欠落した「国防なき憲法」であることを如実に示している。

したがって、わが国は、現行憲法に始まる安全保障・防衛上の欠落を補い、それに基づく様々な問題を解決し、いわゆる「普通の国」として民間防衛体制を整えるためには、速やかに憲法改正に着手するとともに、関係法令の体系的な整備について真剣に検討しなければならない。わが国戦後世代に残された大きな国家的課題である。

第2章 マルチドメイン作戦を前提とした民間防衛のあり方

1 マルチドメイン作戦とは

現代における戦いは、新たな領域（ドメイン）に拡大した「マルチドメイン作戦」として戦われることが明確である。そして、領域の拡大が平時と有事の区別を一層曖昧なものとし、いわゆるグレーゾーンでの戦いが常態化してきている。

これまでの軍事力の活動領域は、主として陸上、海上、航空であった。しかし現在、既に中国やロシアが行っている作戦では、宇宙領域、サイバー領域、電磁波領域が組み合わされ、6個領域が軍事的脅威として捉えられているのである。さらには、ロシアが行ったとされる2016年の米国大統領選挙へのサイバー空間を利用した影響力行使は、認知領域の戦いとも呼ばれる作戦であり、人間の心理にまで脅威を及ぼすようになったと考えられている。

また、国家間の影響力行使以外にも、一般市民を対象にSNS等を使ったフェイクニュースによって、情報操作、世論操作が行われることもある。2016年の熊本地震発災後、ライオンが動物園から逃げて街の中を徘徊しているとの写真付きの偽情報によって、多くの市民がパニック状態になった。他にも、新型コロナウイルスの感染拡大に伴い、数々の誤情報が流布され、それを多くの市民が信じてしまい、買いだめに走ったり、効果の無い予防策を実施したりするなど、かなりの影響があったことは記憶に新しい。今後は、情報共有ツールが更に便利なものとなることから、偽情報や誤情報による世論操作や誘導、それに過大に損害を発表して恐怖心を煽ることなどに対する細心の注意が必要である。

こうした陸上、海上、航空といった従来の領域に加えて、宇宙・サイバー・電磁波領域が組み合わされ、人間の心理にまで影響を及ぼすような作戦こそが近未来の作戦様相になるのである。

現に、戦争に至らない、純然たる平時でも有事でもないグレーゾーン事態が、眼前の脅威として進行中である。中国は、サイバー攻撃や情報戦、政治・外交戦、経済戦などを交えながら、尖閣諸島や台湾、南シナ海において、既存の国際秩序とは相容れない独断的な主張に基づき、力を背景とした一方的な現状変更を試みている。

このような、グレーゾーン事態やマルチドメインの戦いが、わが国を含む地域と国際社会の安全保障上の新たな懸念材料として、今後強い関心を持って注視し、対処していかなければならないリアルな課題となっているのである。

column

「グレーゾーンの事態」と「ハイブリッド戦」

いわゆる「グレーゾーンの事態」とは、純然たる平時でも有事でもない幅広い状況を端的に表現したものです。例えば、国家間において、領土、主権、海洋を含む経済権益などについて主張の対立があり、少なくとも一方の当事者が、武力攻撃に当たらない範囲で、実行組織などを用いて、問題にかかわる地域において頻繁にプレゼンスを示すことなどにより、現状の変更を試み、自国の主張・要求の受け入れを強要しようとする行為が行われる状況をいいます。

いわゆる「ハイブリッド戦」は、軍事と非軍事の境界を意図的に曖昧にした現状変更の手法であり、このような手法は、相手方に軍事面にとどまらない複雑な対応を強いることになります。例えば、国籍を隠した所属不明部隊を用いた作戦、サイバー攻撃による通信・重要インフラの妨害、インターネットやメディアを通じた偽情報の流布などによる影響工作を複合的に用いた手法が、「ハイブリッド戦」に該当すると考えています。このような手法は、外形上、「武力の行使」と明確には認定しがたい手段をとることにより、軍の初動対応を遅らせるなど相手方の対応を困難なものにするとともに、自国の関与を否定するねらいがあるとの指摘もあります。

顕在化する国家間の競争の一環として、「ハイブリッド戦」を含む多様な手段により、グレーゾーン事態が長期にわたり継続する傾向にあります。

〈出典〉令和2年版『防衛白書』

グレーゾーンでの戦いでは、例えば、サイバー攻撃はその攻撃が軍事的攻撃の一部なのか、単なる犯罪行為なのかが極めて判断しにくい。仮にそのサイバー攻撃を軍事的攻撃であると推定しても、国連憲章第51条が認めている「武力攻撃が発生した場合の自衛権の行使」が発動できるのかは、難しいところである。戦争は、一般的には「国家同士の軍隊、もしくは国内の武装集団同士によって行われる戦闘行動」であり、現行の戦争の定義に当てはめて考えた場合、行為主体（attribution）の曖昧性のゆえにその判定が難しい。

そうして、判断をちゅうちょしていると、結果的に被害の拡大を招いてしまいかねない攻撃なのである。最初の段階では、特定の個人や組織を狙って行われることが多いため、その後の大規模被害への推移を予測できず、気づいたとき、もしくは被害状況を正しく把握した段階では時すでに遅しとなりかねない。

これからの我が国のあるべき民間防衛という概念では、平時からグレーゾーン事態そして有事を通じて展開されるマルチドメイン作戦によって引き起こされるであろう脅威から防衛することも視野に入れるべきである。

そこで、マルチドメイン作戦の脅威に対応する民間防衛のあり方について、従来の陸上・海上・航空領域の戦いによる脅威に加えて、宇宙・サイバー・電磁波領域といった新たな領域・空間においてもたらされる脅威と、その対応策を具体的に検討してみたい。

2 中国・ロシアによるマルチドメイン作戦型の脅威

(1) 中国のマルチドメイン作戦

中国では、日米などが新たな戦いの形として追求しているマルチドメイン作戦という言葉は使用せず、それに相当する概念を「情報化戦争」と呼んでいる。

中国は、軍事戦略(国家レベル)、作戦(戦区レベル)及び戦術(部隊レベル)のいずれのレベルにおいても、競争相手や敵対国よりも迅速かつ正確に情報を収集し、分析、活用する一方、相手の能力発揮を妨害無力化して情報優越を獲得することを考えている。

そして、「情報戦で敗北することは、戦いに負けることになる」として、情報を生命線と考えるのが中国の情報化戦争の概念であり、そのため、電磁波スペクトラム領域、サイバー空間及び宇宙空間を特に重視して情報優越の確立を目指すとしている。
また中国は、情報化戦争の一環として政治戦を重視し、「輿論戦《よろんせん》」、「心理戦」及び「法律戦」の「三戦」を軍の政治工作の項目に加え、それらの軍事闘争を政治、外交、経済、文化、法律など他の分野の闘争と密接に呼応させる方針を掲げている。

column

「三戦」

2003（平成15）年12月に改正した「中国人民解放軍政治工作条例」に輿論戦・心理戦・法律戦の展開を政治工作に追加し、これら三つを「三戦」と呼称している。

① 輿論戦：中国の軍事行動に対する大衆及び国際社会の支持基盤を築くとともに、敵が中国の利益に反するとみられる政策を追求することのないよう、国内及び国際世論に影響を及ぼすことを目的とするもの
② 心理戦：敵の軍人及びそれを支援する文民に対する抑止・衝撃・士気低下を目的とする心理作戦を通じて、敵が戦闘作戦を遂行する能力を低下させるもの
③ 法律戦：国際法および国内法を利用して、国際的な支持を獲得するとともに、中国の軍事行動に対する予想される反発に対処するもの

〈出典〉平成30年度版『防衛白書』

中国は、湾岸戦争、コソボ紛争、イラク戦争などから、米軍の統合化作戦と軍事革命の一体的進展をみて、特にサイバー戦、電子戦、宇宙戦の重要性を認識するとともに、自国の完全な時代遅れを感じて危機感を覚えたと伝えられている。

そのため、中国は、軍改革を急速に推し進めた。その一環として創設された「戦略支援部隊」が、サイバー戦、電子戦および宇宙戦の任務を一元的に遂行し、平素から情報化戦争を行っているとみられる。

情報化戦争は、サイバー戦、電子戦および宇宙戦を重視しつつ、心理戦や諜報戦、指揮統制戦などを総合的に運用して、敵を攻撃し、あるいは敵に抵抗し反撃する行動である。

特にサイバー戦においては、戦略支援部隊に編成されたとみられるサイバー戦専門部隊が主体となり、平素から特に米国や日本などに対して機密情報の窃取などを目的としたサイバー攻撃などを行っていると指摘されている。

この背景には、習近平国家主席が、サイバー空間を安全保障面で非常に重要な領域と認定し、「中国はサイバー強国を目指す」と宣言したことにある。サイバー戦は、中国の戦略の中で中心的な要素となっている。つまり、中国のサイバー戦は国家が行っており、国家レベルでサイバー空間の統制とその攻撃能力を強化しているのである。

また、中国は国家・人民を総動員して戦争や武力紛争に対処する体制を作っている。特に、注意を要するのは、国防動員法（2010年）と国家情報法（2017年）である。

国防動員法は、戦争や武力衝突が発生した場合に、国防義務の対象者（18歳〜60歳の男性、18歳〜55歳の女性）が動員され、個人や組織が持つ物資や生産設備は必要に応じて徴用され、交通・港湾、金融、マスコミ、医療機関なども必要に応じて政府や軍が管理することとなる。この法律は、国外にいる中国人にも適用され、日本に滞在する多数の中国人は、有事に際して中国軍に動員され、日本にいながらにして破壊活動や情報・軍事活動に従事する要員になる可能性がある。また、この法律によって中国国内に進出している外資系企業も対象となり、日系企業もすべての財産や最先端技術などを没収される恐れがある。

さらに注意を要するのが国家情報法である。同法には、「いかなる組織及び国民も、法に基づき国家情報活動に対する支持、援助及び協力を行い、知り得た国家情報活動についての秘密を守らなければならない」（同法第7条）との規定があり、一般の組織や市民にも援助や協力を義務付けている。

中国は、こうした法律に基づいて、在日中国人を使い日本の国内において平素から様々な情報工作を行っているのである。

令和3年版「警察白書」の記述から、「中国の動向」の一端を確認してみたい。

中国は、諸外国において活発に情報収集活動を行っており、我が国においても、先端技術保有企業、防衛関連企業、研究機関等に研究者、技術者、留学生等を派遣するなどして、巧妙かつ多様な手段で各種情報収集活動を行っているほか、政財官学等の関係者に対して積極的に働き掛けを行っているものとみられる。警察では、我が国の国益が損なわれることがないよう、平素からその動向を注視し、情報収集・分析に努めるとともに、違法行為に対して厳正な取締りを行うこととしている。(註)

(註) 中国共産党員の男によるレンタルサーバ不正契約事件

このような情報収集活動や前述した「三戦」と呼ばれる政治戦を遂行する中心的組織は、中国共産党中央統一戦線工作部（中央統戦部）である。その主な任務は、①中国共産党の政治運営への国際社会の支持を取り付けること、②海外での影響力を強化すること、そして③重要な情報を収集すること、とされている。

日本に拠点を置く中央統戦部の組織は、日中友好協会、日本国際貿易促進協会、日中文化交流協会、日中経済協会、日中友好議員連盟、日中協会、日中友好会館など、すくなくとも七つの組織があるとみられている。教育組織としては、孔子学院が知られており、日本では15か所の存在が確認されている。さらには、中国文化紹介や日中文化交流を謳う中国文化センターやカルチャークラブも存在している。

日本にいる中国人留学生の多くは、中央統戦部の表の組織である「中国海外教育学者発展基金会」から奨学金を受け、その見返りとして、在日本中国留学生協会を通じた中国大使館の指示に従い、水面下で世論操作などの政治活動を行っているとみられている。

こうした表向き「日中交流」を旗印にしている組織や大方の中国人留学生は、中国共産党あるいは中国政府を代弁して宣伝・工作活動を行う代理人である。

中国は、香港問題にみられるように1国2制度を認めていたものの、中国にとって都合の悪い民主化運動の高まりなどに対しては、2制度よりも1国を優先して法律を制定し、民主化運動を押さえ込み中国化してしまった。台湾に対しても、中国の狙いは統一であり、当面は1国2制度を掲げてもそれを台湾が認めたら、いずれ1国を優先するのは間違いないであろう。

そして、海洋資源が豊富に埋蔵されている日本の尖閣諸島周辺海域や太平洋への進出路を確保するため、沖縄を中心とする南西地域を中国領土に取り込む工作が行われており、大いに懸念される。日本人の領土に対する希薄な意識や、沖縄県の中央政府に対する不満などにつけ込み、沖縄独立工作を絶え間なく行っているとみられる。こうした中国による情報活動や工作活動を抑え込む立場にある政府要人や外務省職員、防衛省職員、自衛官、県庁職員、警察官、民間有識者等に対する各種工作活動も目に見えない形で広く行われていることが予想される。

その活動は、中央統戦部の在日組織や工作員を使うが、手先となった日本人を使ったり、サイバー攻撃による情報収集活動やなりすましによるメール攻撃、場合によっては工作対象者の親しい友人や家族を仲間にして、対象者に間接的にアプローチするなど、多岐にわたる。

日本人は、このような中国の統一戦線工作に対してはなはだ無防備に近く、最終的に情報漏洩などの法律違反をしてしまった後で、発覚し逮捕されるパターンに陥ることになる。こうした中国による工作から、日本国民を保護する仕組みや工作情報を通報する仕組みが必要であることは言うまでもない。特殊詐欺などの犯罪防止のための活動は、かなり広範に行われつつあるものの、中国による我が国の安全保障・防衛に係わる情報活動や工作活動に対する備えが十分に為されているかは甚だ疑わしい。

中国によるマルチドメイン作戦としての情報化戦争による脅威から国民を保護するためには、国民一人一人のレベルにまで行き届いたきめの細かい国民教育と民間防衛の仕組みが必要である。

(2) ロシアのマルチドメイン作戦

ロシアは、自らはマルチドメイン作戦あるいはハイブリッド戦という言葉は使用していないが、2014年にプーチン大統領が承認した「ロシア連邦軍事ドクトリン」の概念が、いわゆる西側諸国の考えるマルチドメイン作戦及びハイブリッド戦に該当する。

「ロシア連邦軍事ドクトリン」は、その前年(2013年)にゲラシモフ参謀総長が発表した安全保障論文「先見の明における軍事科学の価値」(次頁)の考え方を踏まえて作成されたとみられている。

21世紀には近代的な戦争のモデルが通用しなくなり、戦争は平時とも有事ともつかない状態で進む。戦争の手段としては、軍事的手段だけでなく非軍事的手段の役割が増加しており、政治・経済・情報・人道上の措置によって敵国住民の『抗議ポテンシャル』を活性化することが行われる。

……

将来の軍事的な戦いにおいては、旧来の軍事兵器よりも非軍事的兵器による攻撃のほうがより効果的であり、非軍事手段と軍事手段の比率は4対1で圧倒的に非軍事手段の比率が高い。

ロシアのドクトリンから多くを学んでいる中国が行っている各種工作は、軍事手段の裏に4倍以上の非軍事手段による工作が行われているとみなければならない。

改めてロシアを見ると、実際に国家に対する破壊妨害を目的とした初めてのサイバー攻撃は、ロシアがエストニアに対して行ったものである。その実態について、日本安全保障戦略研究所編著『近未来戦を決する「マルチドメイン作戦」』（国書刊行会、２０２０年）は、次頁のように記述している。

1944年のエストニアのナチス・ドイツからの解放を記念して作られた「青銅の兵士像」をタリン郊外の戦没者墓地に移動させるとの決定を契機に、ロシアからとみられるエストニアに対するサイバー攻撃が発生しました。サイバー攻撃は、2007年4月27日の夜遅く、エストニア政府および民間メディアのウェブサイトに対する攻撃で始まりました。

当初は、標的のサーバに対して大量のデータを集中して送信する手法を用いた単純なDoS（Denial of Service：サービス妨害）攻撃でしたが、次第に洗練された手法が用いられるようになります。エストニアの代表的な通信会社のサーバが標的となり、複数のウィルス感染パソコンなどから同時にDDoS（Distributed Denial of Service：分散サービス妨害）攻撃が行われ、インターネット通信が断続的に遮断されました。

ロシアの戦勝記念日である5月9日のモスクワ時間0時から始まり、5月10日にかけて、DDoS攻撃は最高潮に達し、政府機関を含む58のウェブサイトが同時に中断に追いこまれ、多くの銀行が営業を停止せざるを得ない状況に陥りました。5月18日に攻撃が収まるまでの間、議会、政府各省庁、通信会社、電話、マスメディア、銀行、クレジットカード会社などが標的となり、DDoS攻撃、ウェブサイトの改ざん、通信インフラに対する攻撃、大量の迷惑メールによる通信妨害などが行われたのです。

この3週間にわたるサイバー攻撃の間、エストニアのコンピューター緊急対応チームは、国内・国外のサイバーセキュリティ専門家から支援を受けつつ、24時間体制で大規模サイバー攻撃への対策を講じてきました。
……
このエストニアに対する一連のサイバー攻撃は、ロシアによるものであることが明確に推測でき、破壊妨害を目的とした史上初のサイバー空間における対国家攻撃と呼ばれています。

このエストニアに対するサイバー攻撃は、タイミングや規模などのほか、ロシア政府からの指示があった等の確かな情報もあり、ロシアによるものであることは容易に推測可能である。

ロシアでは、軍参謀本部情報総局（ＧＲＵ）や連邦保安庁（ＦＳＢ）がサイバー攻撃に関与しているとの指摘があるほか、軍のサイバー部隊の存在が明らかとなっている。そして、サイバーを用いた情報作戦により、情報窃取や破壊工作に加えて、米国の大統領選挙に介入するなど西側諸国の民主主義プロセスに挑戦していると指摘されている。

前述のロシアによるエストニアに対する攻撃は、サイバー攻撃という非軍事手段を重用したハイブリッド戦であり、強大な軍事力を背景に、エストニアにおけるロシア系住民への支援やロシア寄りの国民世論の形成といった国民へのより直接的な働きかけが見られる。

ロシアは、２０１４年、ウクライナのロシア離れを契機にクリミア半島併合と東部ウクライナへの軍事介入を敢行した。

この際、ウクライナ東部や南部において、ロシア系住民とみられる分離派武装勢力などによるウクライナ政府への抗議活動や攻撃が活発化したことを受け、ロシア軍は同分離派武装勢力に対して積極的な軍事支援を行うとともに、ウクライナに対しハイブリッド戦による軍事介入を行なった。

このロシアによるハイブリッドな戦いは、軍組織によるゲリラ・コマンド攻撃や直接侵攻、親露派の独立派武装勢力への武器・装備等の提供、航空攻撃やロシア領内からの国境越えの砲撃等の火力支援、更には諜報戦、経済戦、政治戦、心理戦等、様々な手段が使われた。中でも、あらゆる軍事介入の終始を通じ使われたのがサイバー攻撃である。

そのサイバー攻撃によって２０１５年12月にウクライナで大規模な停電が発生しており、ロシアによる攻撃とみられている。

ウクライナに対するロシアのサイバー攻撃は、紛争の初期段階では、情報の窃取あるいは政府や軍のＣ４Ｉ系統の混乱等を目的としたサイバー戦が主であり、一般国民の目に触れる攻撃は見られなかった。しかし、２０１５年の停戦以降、ウクライナ全体に影響するような社会インフラ、統治機構等の混乱を目的とした大規模なサイバー攻撃が行われるようになった。このサイバー攻撃は、一国の社会経済生活を大規模に混乱させうることを認識させ、サイバー攻撃が異次元の世界に入ったことを思い知らせるものであった。

さらには、電力会社への停電に関する照会の電話を通じ難くするため、電話システムへのＤＯＳ攻撃も行った模様である。その他、インフラを狙った悪質なハッキングが相次ぎ、鉄道システムや政府の省庁、国の年金基金のサーバも被害を受けている。また、政府機関や病院ではパソコンが使えなくなり手書きでの作業を強いられた。銀行の店舗は、３０００か所以上が閉鎖され、地下鉄やガソリンスタンドではクレジットカードでの決済が不能となった。キーウ国際空港では発着時間などを知らせる電光掲示板が表示不能となり、チョルノービリ原発では放射線監視システムも故障した。

このような状況になると、国民生活を正常に保つこともできず、政府が国民に必要な情報を提供しようとしても不可能な状況に追い込まれてしまうのである。

この段階まで来ると、被害復旧も他の代替手段への切り替えも極めて困難とならざるを得ない。サイバーセキュリティの専門家によると、サイバー攻撃は物理的な攻撃と似て、サイバー空間から侵入して小規模な進入路を開け、それをわからないように偽装修復しつつ拡大する作業を続け、十分拡大したところで一気に攻撃するとのことである。

つまり、その対策は、最初の段階で、サイバー犯罪のような小さな兆候を見つけること、それをしかるべき対応組織に通報し、初期段階で処置することに尽きるのである。

初期段階での兆候把握に失敗し、それ以降の攻撃の進展を見逃した結果、すでに攻撃を十分に許してしまっているのだが、被害に気付いた段階ではじめてサイバー攻撃を突然受けたと勘違いするのである。

（3）中国・ロシアのマルチドメイン作戦による脅威

これまで、中国やロシアのマルチドメイン作戦について述べてきたが、両国が日本や日本人に対していかなる工作活動を行っているか、そしていかなる組織を日本に置いているのかについては、ほとんどの日本人は認識していないのではないだろうか。

改めて、中国による情報収集活動や諜報工作の組織とその活動を確認しておかなければならない。常に警戒心をもって、こうした組織とは距離を置くとともに、中国人と交流があった場合でも日本人と同じではないことを念頭において行動しなければならない。

サイバー攻撃への備えは、個人レベルでは所有するパソコンにセキュリティソフトを入れている程度であろう。しかしながら、セキュリティソフトの網にかからないウイルスによる攻撃が行われるのが今のサイバー攻撃である。組織内の個人においても、ほぼ同様である。

他方、組織レベルでは、最初の攻撃はなりすましメールなどによるメール攻撃、ホームページへの侵入などである。攻撃の兆候はゼロではなく、その段階で対象組織かどうか、その攻撃が安全保障に影響する攻撃なのかどうかを判断することが必要である。個人用のセキュリティソフト会社や企業のセキュリティ部門まででとどまってしまうと、単なる犯罪予備攻撃程度に判断してしまう可能性が大である。

一方、被害が発生し、警察による犯罪捜査に入ってしまうと、捜査情報は警察内でクローズせざるを得なくなることから、安全保障問題としての取り組みが大きく遅れることとなる。

サイバー攻撃のみならず、中国による友好的な人物を装っての接近などへの対処は、中国による国家的活動の一部かどうかを判断できるような部署、すなわち警察単独の組織ではなく外務省、防衛省、経済産業省、国土交通省など関連する組織の知見を集めた組織作りが必要である。

一方で、日本の各種インフラ、例えば電力設備などは、ウクライナとは異なり、インターネットですべてがつながっている訳ではないので、サイバー攻撃による被害が一気に拡大する可能性は低いと見られる。また、上水道は、行政区の地域ごと、場合によっては極めて狭い地域で私人経営の上水道が整備されているなど、インターネットでつながれてはいない場合もある。更に、生活用ガスに関しては、都市ガスは地域により異なる仕様となっているとともに、プロパンガスのように一軒ごとに独立した供給形態もあり、すべてのガス供給がサイバー攻撃で止まったり、損壊を受けたりするようにはなっていない。

こうした日本の各種インフラがサイバー攻撃に対して耐久性がある特性について積極的に広報を行なうとともに、フェイクニュースによるパニックが起きない対策や、各種インフラごとに被害予測や防護対策を立てることも重要である。仮にインフラの被害が発生しても、そこから国家危機までの経緯を予測し、その拡大を防止する手段を講じることが肝要である。

なお、北朝鮮については特段説明しなかったが、北朝鮮もサイバー部隊を集中的に増強し、サイバー攻撃を用いた金銭窃取のほか、軍事機密情報の窃取や他国の重要インフラへの攻撃能力の開発を行っているとみられており、中国やロシアと同様に警戒を厳重にすることが必要である。

3　宇宙・電磁波空間における脅威――新たな脅威としての高高度電磁パルス（ＨＥＭＰ）攻撃

ここまで、国民を保護するために、マルチドメイン作戦による脅威のうち、人物やＳＮＳを介しての工作や情報操作そしてサイバー攻撃を取り上げた。しかし、もう一つ別次元の脅威として、宇宙空間などをベースにした電磁波領域の脅威である高高度電磁パルス（ＨＥＭＰ）攻撃について取り上げなければならない。

（1）北朝鮮が使用をほのめかすＨＥＭＰ攻撃

高高度電磁パルス（High-altitude Electro-Magnetic Pulse：ＨＥＭＰ）攻撃とは、高高度（30㎞～400㎞）での核爆発によって生ずる電磁パルス（ＥＭＰ）による電気・電子システムの損壊・破壊効果を利用するものであり、人員の殺傷や建造物の損壊等を伴わずに社会インフラを破壊する核攻撃の一形態である。

ＨＥＭＰ攻撃は、遠隔操作又は自動爆破装置付の一発の核爆発装置とそれを高高度に上げるロケットあるいは気球等の運搬装置があれば可能である。貨物船に核爆発装置と運搬装置を積み、密かに対象国沿岸に近づき、高高度で核爆発させるだけで、目的を達成することができる。弾道ミサイルに要求されるような高度な誘導機能や大気圏再突入の技術などは不要である。それにもかかわらず、ＨＥＭＰ攻撃による地上の被害範囲は、核爆発の高度等次第だが半径数百㎞から2千㎞以上の極めて広範囲に及ぶといわれている。

ＨＥＭＰ攻撃の特色は、核兵器使用の敷居を下げ、高度な核及びミサイル技術を持たない「ならず者国家」や非国家過激組織（テロリストグループ）に、政治的、技術的リスクの少ない攻撃手段を提供することになりかねない。

核ミサイルを保有する中国そしてロシアはＨＥＭＰ攻撃が可能であることに加えて北朝鮮がその使用の可能性をほのめかしている。

（2）予想されるＨＥＭＰ攻撃の効果・影響

ＨＥＭＰ攻撃は、これまで考えられてきた核爆発による熱線、爆風及び放射線による被害範囲を遥かに超える広大な地域の電気・電子機器システムを瞬時に破壊し、それらを利用した社会インフラの機能を長期間にわたり麻痺・停止させ、社会を大混乱に陥れる。ＨＥＭＰの地表面における影響範囲は、高度が高いほど広くなる。核爆発高度に応ずるＥＭＰの地表面における被害地域は、次頁図表の通りであり、この地域内の電気・電子システム及びそれらに支えられた社会インフラは壊滅的な打撃を受けるとみられている。

もし、わが国上空135㎞で突然核爆発が起こったならば、北海道から九州までの社会インフラ

高高度核爆発によるEMPの影響範囲

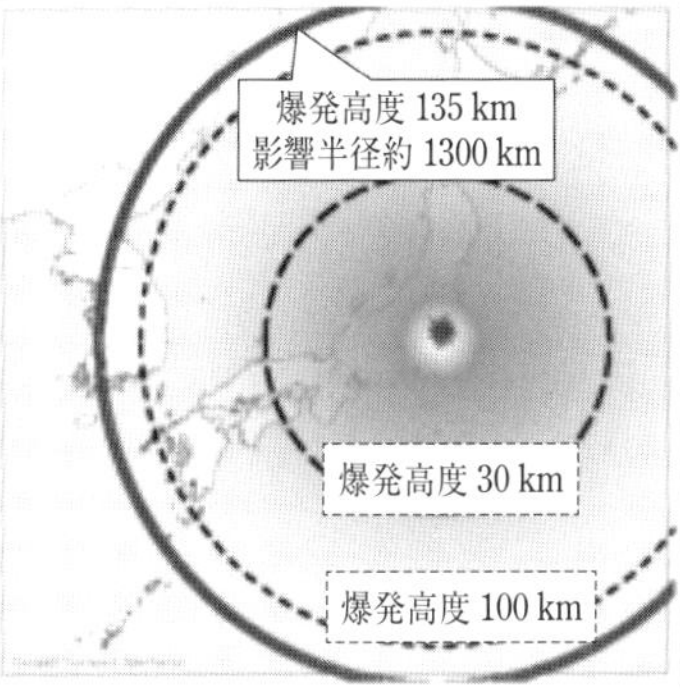

高度に応ずる影響半径	
核爆発高度	影響半径
30 km	約 600 km
100 km	約 1100 km
200 km	約 1600 km
300 km	約 1900 km
400 km	約 2200 km

〈出典〉『Civil-Military Preparedness For An Electromagnetic Pulse Catastrophe』等を参考に筆者作成

を支える電気・電子機器システムが瞬時に機能しなくなる。

具体的には、国家、企業、国民にとって不可欠なインフラ、特に発電所、送・配電システムなどの電力・電気の供給に係るインフラ、電気・電子を使用している情報・通信システム、鉄道・航空・船舶・バスなどの運輸・輸送システム、金融・銀行システム、医療システム、上下水道システム、および建造物・施設の維持管理用システム等が損壊・破壊される。特に送電線からの外部電源を利用する原子力発電所は、HEMP攻撃による送電停止に対して固有の非常用電源・発電機等により対処できない場合、福島原発事故のような事態に陥る可能性がある。

これらの結果、政府および各省庁・自治体等の管理業務用システム、自衛隊の指揮・統制・運用システム、警察などの犯罪捜査システムおよび出入国管理システム、企業の管理運営等の各種業務処理用システムなど、特に電気および情報・通信システムのインフラを利用するコンピュータ・ネットワーク・システムが損壊・破壊され、国・自治体、企業、国民の全社会経済活動が麻痺状態に陥り大混乱事態が生起する。

国民生活面では、食料や生活用品の製造・流通は止まり、行政サービス・交通・運輸・金融・通信などのシステムは麻痺し、医療・介護なども行き届かなくなる。人々の自宅では電気は当然、水道、ガスも止まり、食事、入浴、トイレもままならず、平素頼りとなる市役所や役場等の公共機関・施設などの機能も麻痺し、国民生活は大混乱に陥ることになるであろう。

さらに、そのような大混乱事態からの復旧を考えた場合、HEMP攻撃で広範囲かつ大量に破壊された電気・電子機器システム等を復旧するには、大量破壊を想定していない通常の故障状態等に備えた現行の復旧要員・資器材等では対応が困難である。

電気・電子機器システムに依存するインフラは、国民生活のあらゆる分野にわたる。一例として電力インフラを見てみよう。

東京電力によると、日本全域に6561箇所の変電所と約980万箇の変圧器や、約9万㎞の高圧送電線と約124万㎞の電線路などが存在する。この多種・膨大な量の設備・機器の大部分がHEMPの影響を受けて破壊された場合、復旧に長期間（数週間～数年間）かかり、その結果として飢餓および疾病等が発生・蔓延し、大量の人員が死に至るとみられている。

このようなHEMP攻撃による電気・電子機器等への影響は、1950年代から認識されていたところであるが、電化・電子化の進んでいなかった当時では、HEMPは核の直接的脅威である熱線・爆風・放射線に比し二義的なものであった。しかし、電気・電子の使用が社会の隅々まで行き渡っている現在では、ＨＥＭＰ攻撃で予想される被害とその社会的影響は計り知れない。加えて、核弾頭の小型化や弾頭の運搬手段の多様化等により、恐ろしい熱風や放射線が地上に到達しない高高度での核爆発による非殺傷攻撃手段としてのＨＥＭＰ攻撃の技術的、政治的敷居が低くなることから、ＨＥＭＰ攻撃は、より差し迫った喫緊の核脅威となっていると言える（以上、出典：日本安全保障戦略研究所編著『日本人のための核大事典』（国書刊行会、２０１８年）。

そして、近未来戦が、電磁波や宇宙空間を新たな領域とする「マルチドメイン作戦」によって戦争の様相を大きく変えようとしているとき、究極の電磁波攻撃ともいえるＨＥＭＰ攻撃の可能性を再認識し、官民挙げてその対策強化に取り組まなければならない。

しかしながら、攻撃を受けてしまえば、社会生活や経済活動はほぼ壊滅する。まずはミサイル発射前の段階での撃破能力の保持、高高度での迎撃システムの構築、ＨＥＭＰ攻撃に対する抗堪性のあるインフラ整備などが必要である。また、このような武力攻撃事態等に備えた国民避難の地下施設（発電装置や換気設備を兼備）の充実や水・食料・医薬品の確保も必要である。

いずれにしても、万一、ＨＥＭＰ攻撃があれば、国家としての機能が麻痺する可能性が極めて高く、国民一人一人がこのような脅威の存在を認識し、自ら避難し、避難生活等では自助及び共助によって命を守る行動をとらなければならない。今の国民保護法では、こうした災害を対象としておらず、また国民に義務を求めないこととなっており、国を挙げた事前の周到な対策が必要である。

4　マルチドメイン作戦を前提とした民間防衛のあり方

以上述べたように、従来の陸上、海上、航空の領域に加え、宇宙、サイバー、電磁波といった新たな領域を含めた多領域で戦われる「マルチドメイン作戦」では、社会全体が攻撃対象となる。その結果として、マルチドメイン作戦は、一般住民を巻き込まずには措かないのである。

一見して平時と思われている中で、中国やロシアによって、漁民を装った海上民兵（Little Blue Men）や国籍を隠した特殊部隊（Little Green Men）を用いた作戦、サイバー攻撃による通信・重要インフラの妨害、インターネットやメディアを通じた偽情報の流布などによる影響工作等を複合的に用いた「ハイブリッド戦」が既に遂行されている。中国やロシアによって行われる工作活動や攻撃は、有事にならないように注意深くコントロールされた戦いであり、いわゆる「グレーゾーン事態」のまま攻撃が進行する。そのため、この事態は長期にわたり継続し、あるいは常態化する傾向がある。

こうしたグレーゾーン事態は、明確な兆候のないまま推移し、被害発生時点では一挙に重大事態へと発展するような重大なリスクをはらんでいる。

（1）有事対応型の法律からグレーゾーン段階で対応しうる法律体系へ

中国、ロシア、北朝鮮による心理的なダメージや社会混乱を狙ったサイバー攻撃、また北朝鮮を一例で取り上げたHEMP攻撃は、国内が一見平時と思われている段階で実施される一方、サイバー攻撃などは既に平時から常態化しているのである。

我が国の法律体系は、基本的に事態が発生した、もしくは発生が予測される段階で、事態認定を行い手続きが進められることとなっている。

自衛隊法に基づく、自衛隊の防衛出動は基本的に国会の承認を得て防衛出動命令を発することにより、武力行使が可能となる。国民保護法も同様に、事態対処法による事態認定があることを前提として、国や地方公共団体が国民保護措置を実施することとなる。

しかし、中国やロシアの新たな戦い方は、日本や欧米がこれまで順守してきた近代的な戦争のルールを変え、むしろその弱点を突いて、平時とも有事ともつかない狭間で、いつ始まったか分からない外形上「戦争に見えない戦争」、いわゆるグレーゾーンの戦いを仕掛けている。

その手段は、これまで繰り返し述べてきたように、国籍を隠した特殊部隊を用いた作戦、サイバー攻撃による通信・重要インフラの妨害、インターネットやメディアを通じた偽情報の流布などによる影響工作などを複合的に用いた手法であり、いわゆる「ハイブリッド戦」に該当する。

このような軍事と非軍事の境界を意図的に曖昧にした現状変更の手法は、相手方に軍事面にとどまらない複雑な対応を強いるばかりでなく、軍の初動対応を遅らせるなど相手方の対応を困難なものにするとともに、自国の関与を否定するねらいがあると指摘されている。

つまり、わが国の現行の法律体系では、中国やロシアが仕掛ける新たな戦争の形には、対応できないのは明らかであり、グレーゾーン事態から組織的な対応が可能となるように、シームレスな法律体系の整備に早急に取り組まなければならない。

北朝鮮によるHEMP攻撃は、日本に対する北朝鮮による武力侵攻事態の場合にのみ行われると考えない方が良いだろう。つまりは、平時の段階でも、いきなり核ミサイルが発射される可能性を考え、それに備えることが、グレーゾーン事態そしてマルチドメイン作戦の脅威下における防衛のあり方と言えよう。

また、サイバー攻撃対処のためには、各市町村以上の地方公共団体にサイバー攻撃対処部門を設置し、国民や民間企業に対しては、サイバー攻撃を受けたと判明した時点で、すみやかに報告する義務を平素から課すことが必要である。そして、報告を受けた国の機関は、地方公共団体レベルで対応するべき事態か、国家レベルで対応するべき事態か、国家非常事態にまで発展する事態かを判定する能力を持つことが必要となる。その判定に応じて、対応するべき部署、または主管省庁が各対策本部等の危機管理部門を立ち上げて、対応にあたり、被害状況の把握、措置の実施、関係機関との相互連携などを行うような態勢の整備が必要となる。さらに、報告を受ける各レベルの機関には、どの程度の攻撃なのかについて調査を行う権限を付与することも必要である。

HEMP攻撃の場合も同様に、これまでのアラートによる避難警報と勧告のみならず、私有車両の運行停止や道路統制、避難場所の強制的な指定などの権限を市町村に持たせることも必要であろう。

前述の通り、現行の国民保護法は、武力攻撃事態等による災害発生時に適用されるものとなっている。しかし、グレーゾーン事態下の「マルチドメイン作戦」による脅威は、平素から発生するものであり、平時段階から対応しなければ国民を保護することは出来ない。一方、国家の非常事態が発生する場合には、個人レベルに至るまで必要な協力義務を課することも視野に入れる必要がある。なぜなら、マルチドメイン作戦による被害は国民全員が対象になるとともに、初期段階で被害を最小限にすることが極めて重要であるからだ。よって、こうしたマルチドメイン作戦による災害への対策は、災害対策基本法以上に国民の義務を明記する法律が必要である。

また、サイバー攻撃を含め、グレーゾーン事態下の「マルチドメイン作戦による脅威」に対処するためには、平時の段階から対処に必要なすべての国家機能を動員して一元的に運用しうる組織・体制を整備維持することが必要である。

こうしたニーズに応えるには、現行国民保護法では対応が困難であると言わざるを得ない。マルチドメイン作戦による脅威に対応しうる組織編成を盛り込んだ法律を制定するか、現行の「国民保護法」を全面的に改定するべきである。

（2）国民に精神的な安心感を付与できる体制構築

前項では、主として予測される物理的な被害への対応が、平時から可能な法律や組織編成の必要性について述べたが、国民に精神的な安心感を付与することも重要である。

武力攻撃事態発生時においては、保護する対象の国民が恐怖などでパニック状態に陥り、より被害が拡大し長期化する可能性が大である。そこで、できるだけ必要な情報に絞るとともに、正しい情報を国民に提供しなければならない。

そもそも、マルチドメイン作戦による心理戦やサイバー攻撃による脅威は、人々の心理をパニック状態に陥れる攻撃であり、国家の意思決定を誤らせる攻撃である。偽情報や誤情報が氾濫する状況になるとともに、過大に損害を発表して恐怖心を煽るなどの心理戦も行われるのである。

ロシアによるサイバー攻撃、ゲリラ・特殊部隊攻撃及び電磁波攻撃によって主導性を失ったウクライナが、２０１４年にはほとんど成す術もなくクリミア半島をロシアに併合されてしまったように、マルチドメイン作戦による脅威下では従来の作戦とは次元が異なる受動性を強要されるのである。

つまり、今後は、マルチドメイン作戦により国民がパニック状態に陥った状況、もしくはパニック状態に陥ることが予測される状況を想定し実効性ある対処法を確立しなければならないのである。

そのためには、偽情報、誤情報を判定し対処する対情報戦を担う組織が必要となる。また、過大に損害を発表して恐怖心を煽ることに対しては、その影響を回避し健全性を維持するための国内向けの心理防護戦を担う機能を保有することも必要である。

(3) 国を挙げた対応（all government approach）ができる組織体制の整備

従来、わが国の防衛は、日米安全保障条約に基づく日米共同作戦を基軸として、自衛隊の専管事項と考えられて来た嫌いがある。

しかし、これまで述べたように、現在そして近未来におけるわが国に対する攻撃は、中国の「情報化戦争」や「三戦」に見られるように、軍事的（物理的）手段だけでなく、軍による「輿論戦」、「心理戦」および「法律戦」に、政治、外交、経済、法律、情報、サイバー、文化などの非軍事的（非物理的）手段の闘争を密接に呼応させて長期的・包括的に仕掛けられる。

よって、グレーゾーン事態が常態化し、マルチドメイン作戦による脅威が予測される現在では、わが国にも平素から対情報戦や心理戦、サイバー戦などを所管する国家機関が必要であり、同時に外交や経済安全保障など政府内各省庁のそれぞれの任務所掌事務・機能を結集し、国を挙げた対応（all government approach）が必要である。

しかし、各省庁の縦割り行政では、効果的・実効的な対応は期待できないので、その弊害をなくし、政府が総合一体的な取組みを行えるよう、行政府内に非常事態対処の非軍事部門を統括する機関を新たに創設することが望まれる。

そして、国家安全保障局（ＮＳＳ）の補佐の下、国家安全保障会議（ＮＳＣ）を国家非常事態における国家最高司令部とし、内閣総理大臣、内閣官房長官、外務大臣及び防衛大臣（4大臣会合）を中核に関係閣僚をもって国家意思を決定し、最高指揮権限者（NCA）である内閣総理大臣が軍事部門の自衛隊及び非軍事部門を集約する「国土保全庁」あるいは「国土保全省」に対して一元的に指揮監督権を行使するピラミッド型の有事体制を作ることが必要である。

このように、国家非常事態における国家防衛や国民保護、そして重要インフラ維持の国土政策、産業政策なども含めた総合的な対策を、いわば「国家百年の大計」の国づくりとして、更には千年の時をも見据えながら行っていくことが、わが国の歴史的課題である。

第3章

民間防衛組織創設に向けての法的枠組み

本章では、日本の民間防衛のあり方、就中、民間防衛組織の創設に当たり、現行法制上の改善事項や目指すべき方向性など、必要な法的枠組みについて検討する。

第1節　憲法改正と国家緊急権に基づく包括的な基本法の制定

1　憲法改正

憲法において、平和を謳うことは当然である。一方、万が一平和が破壊された場合の措置を講ずることが各国憲法の必須条件となっているものの、わが国現行憲法には、国家非常事態及び当該事態への対処規定を全く設けていない。

第九条は戦力不保持及び交戦権の否定・禁止条項であり、本条以外に、わが国の安全保障・防衛を「いかにするべきか」との主権者たる国民の意思を表明する条項は存在しない。

民主主義国家では主権者である国民が国防の責任を共有しているはずであるにもかかわらず、その基本的な事項も記述しておらず、現行日本国憲法はわが国の安全保障・防衛にかかわる事項が完全に欠落している。つまり、国を守ることについての国民からの明確な意志が憲法に一切反映されていない「国防なき憲法」なのである。

そのような憲法下では、有事における民間防衛についても憲法上の規定は当然存在しない。

以下で述べるように、武力攻撃事態等における国民保護法では、その事態発生の原因が国策、すなわち抑止の失敗など、国に全面的な責任があることから、国自ら国民の保護のための措置を的確かつ迅速に実施することとしている。又国民保護の措置を地方公共団体に法定受託事務として依頼することとし、国全体として万全の態勢を整備することとした。国民に関しては、協力を依頼する規定はあるが、あくまで一方的に保護されるだけの存在となっている。

その結果、民主主義国家における主権者としての国民の責任やそれを背景に民間防衛を一般住民が主体となって行うという考えは、国民保護法の中には存在していない。そうした基本的問題の欠落事項を改善するには、やはり憲法に、武力攻撃事態等の国家非常事態に対しての国の対応、そして同事態における国民の国防の義務、すなわち民間防衛についての考え方を明記するべきである。

なお、国家非常事態の定義は、第1部第2章の【参考】（54頁）に記述しているので、それを参照されたい。

また、国家緊急権の規定についても憲法に記述するべきである。例えば、現行国民保護法第5条1に、「国民の保護のための措置を実施するに当たっては、日本国憲法の保障する国民の自由と権利が尊重されなければならない」とあり、基本的人権の尊重が述べられている。更に、同条2では、国民保護措置を実施する場合、「国民の自由と権利に制限を加えるときであっても、その制限は…必要最小限のものに限られ、かつ、公正かつ適正な手続きの下に行われるもの」と記述され、平時の行政手続きを踏襲するかのような表現である。同法は、憲法の範囲内での規定とするのが当然であるから、以上のような規定になっているのも止むを得ない所ではある。

しかし、国家の非常事態において、公正かつ適正な手続きを踏んでいる間に、国民の生命が脅かされるようでは本末転倒である。危機管理の鉄則は、最も重要なものを最優先して実施することであり、武力攻撃事態等においては「武力攻撃から国民の生命、身体及び財産を保護し、並びに武力攻撃の国民生活及び国民経済に及ぼす影響が最小となるようにすること」（国民保護法の目的）に他ならない。

やむを得ず、それ以外のものは一時的に制限しなければならない。『軍事力の効用』（ルパート・スミス著）で、「国民が自分たちは直接脅威にさらされていると認識すればするほど、国民は自分たちの生命を守り生き残りをはかるという名のもとに個人の利益を二の次にして国家に協力するだろう」と述べている。「そして、国家はより多くの貢献を国民に求めることができるようになる。国民を守ることは国家のもっとも重要な政治的義務であり、それを果たすことによって国家はその統治権を主張できるのである」と、国家と国民の関係を明確に示している。

では、なぜ日本国憲法には、国家緊急権の規定がないのだろうか。その一番の理由は、米軍の軍事占領下、憲法が日本の「非武装（非軍事）化・弱体化」を基本とした米国の占領政策の一環として作られたからである。また、現行憲法は、「占領地の法律の尊重」を定めた「ハーグ陸戦条約」（1907年）に違反して作られた、いわゆる「占領管理基本法」的性格を有しているとの指摘もあり、非武装（非軍事）化されたわが国にあって、国の主権や防衛を軍事占領中の米軍の支配・庇護に依存していたからだとも言われている。

このような戦後の特殊事情から解放されたわが国が、列国と同じように憲法に国家緊急権を規定するのは当然である。その条項に従い、国家の非常事態においては、国や公的機関が一定の強制権をもって一時的に国民の自由と権利を制限してでも、遅滞なく緊急に必要な措置が取れるようにするべきである。

いずれにしても、国民保護法をより実効性のあるものにし、さらには民間防衛組織を創設するには、憲法に緊急事態条項を規定して、下位の国内法に、危機管理上必要な条項が組み込めるよう憲法改正を急ぐべきである。

2　国家緊急権に基づく包括的な基本法の制定

前項では、「憲法改正」で、国家緊急権の規定の必要性を述べ、国民の国防の義務を背景に民間防衛組織の設立を提案した。しかし、憲法改正には相当の期間を要すると見られることから、ここでは自然法的な権利であるとされる国家緊急権を盛り込んだ基本法の制定について考えてみたい。

国家緊急権が欠落している現行憲法下において、国民保護の実効性をさらに向上するためには、前述したように国家の自然権に基づく国家緊急権を根拠として、一時的な強制措置を容認することがより現実的である。武力攻撃から国民の生命・身体等を保護する人道的活動を優先するために、必要な期間に限定して権利や自由を制限することは、憲法の「基本的人権」の享受の精神に反するとは決して言えないだろう。

憲法第十一条「国民は、すべての基本的人権の享有を妨げられない。…基本的人権は、侵すことのできない永久の権利として、現在及び将来の国民に与へられる」とあるが、直面する武力攻撃事態等に対処して国家体制を維持することによって、はじめて「基本的人権」は守られるのである。

その上で、国家防衛や国民保護などの国家緊急権に基づく法律については、非常事態対応のために、すべての国家機能を一元的に統制するとともに、最優先する事項以外のものに一時的・緊急的に制限を加えることを可能としなければならない。国家緊急権に基づき、国家の存立を維持するために、国家権力が憲法秩序を一時停止して必要最小限の非常措置をとることができる法律を制定するのである。

すなわち、国家の最高指揮権限者（内閣総理大臣）が、国家非常事態宣言を発して国民に最大限の警戒を喚起し、一定の強制力をもって社会生活に制限を加え、要すれば緊急法律制定権や緊急財政措置権などを行使して被害を最小限に抑えることを目指す法律である。

そして、国家緊急権を発動する前提となる国家の非常事態は、第2部第2章4で分析したとおり、武力攻撃事態等のほか、内乱、組織的なテロ行為、重大なサイバー攻撃、大規模な自然災害や感染症の蔓延等の特殊災害など、平時の統治体制では対処できないような重大な事態までを想定するべきである。

こうした重大な事態に対処し国民を守るための現行法律としては、「事態対処法」、「国民保護法」、

「災害対策基本法」、「警察法」、「刑法」（内乱）、「無差別大量殺人行為を行った団体の規制に関する法律」、「サイバーセキュリティ基本法」、「新型インフルエンザ等対策特別措置法」及び「原子力災害対策特別措置法」などがある。

いずれの法律も、前項で現行国民保護法の限界について述べたものと同様、国家緊急権の発動というよりは、所管省庁を中心とする個別対策の法律にとどまるものと評価せざるを得ない。例えば、災害対策基本法、サイバーセキュリティ基本法及び新型インフルエンザ等対策特別措置法には、対策本部設置について記述されているが、いずれも関係閣僚の参集等はあくまでプロジェクト型にとどまり、必要な国家機能を集中統制して、最大限発揮する権限は規定されていない。

そもそも、諸外国では、民間防衛という戦時における住民の保護という概念を出発点として、その国家緊急権をベースに市民防護という平時の災害対策にも拡大応用してきている。つまり、より深刻な戦時をベースにして平時の国民保護を規定しているのである。一方、わが国の場合は、平時の災害対策基本法をベースにして、より深刻であるはずの国民保護法を制定したため、関係機関への必要な権限の集中が不十分であり、国民の協力義務もほぼ皆無という状況になっている。

国民保護のための住民避難地域に指定された地域には、当然年配者、幼児、身体的弱者、又は移動手段を持たない住民が生活しており、このような支援を必要とする住民の避難にあたって、避難指示と誘導だけでは、国民保護措置を完遂することは極めて困難と言わざるを得ない。また、生活インフラに関わる事業者、例えば電気、水道、ガス関連会社のスタッフからは、被災現場に「住民が1人でも居れば、最後まで必要な電気、水道、ガスを供給します」との覚悟を決めた発言が返ってくる。また、放送事業者、病院等の衛生施設関連職員、輸送業者、ガソリンスタンド関連業者、食料品店従業員等は、コロナ対応の緊急事態宣言下でもエッセンシャルワーカーとして、働かざるを得なかったように、こうした事業者の避難が遅れる可能性も考えられる。

このような事業者も含め、武力攻撃・災害発生予想地域及び自衛隊の作戦行動地域等に所在する地域住民にスムーズに避難してもらい、取り残される住民がいないように、避難を統制するとともに、支援を必要とする人が避難できるよう、国民保護措置を行う首長に統制権限や組織を付与する仕組みが必要である。地下シェルターなどが未整備なわが国では特に必要な仕組みである。

東日本大震災においては、「災害対策基本法」を頂点とする災害対策関連法令を受けて、各国家機関・地方行政機関が活動した。また「原子力災害対策特別措置法」の下、内閣総理大臣が発出した「原子力緊急事態宣言」に基づいて、同様に各国家・地方行政機関、指定公共機関等が活動した。そして、政府は、大規模震災対処のための「緊急災害対策本部」ならびに原子力災害対処のための「原子力災害対策本部」をそれぞれ設置した。

つまり、各機関は、二つの法令を根拠として地震・津波災害と原子力災害への派遣活動を行ったのである。

大震災や津波といった自然災害であれば、第一対応者は市町村になっており、市町村で対応しきれないことを都道府県が補完し、都道府県が対応しきれないことを国が補完するという仕組みがとられている。つまり、市町村→都道府県→国の順に、ボトムアップ型の「補完性の原則」で災害対策基本法は制定されている。

一方、原子力災害は、その特殊性から、国が原子力災害対策本部の設置をはじめ、緊急事態応急対策の実施のために必要な措置をとるなど、万全の措置を講ずる責務を有している。これは、武力攻撃事態等による災害に関して、国が一義的に責務を有することと同様な考え方であり、トップダウン型である。

二つの異なる法令によって、災害派遣活動を命ぜられた自衛隊や関係機関、そして災害対象地域に居住する国民（住民）の立場からすると、こうした違いに基づく二つの対策本部とその指示への従事は、大いに混乱し戸惑うところである。災害に際して、どちらの法律による指示なのかを理解し、その法律内容の違いを認識しつつ行動しなければならないからだ。

つまり、同時に二つの異なる災害に対して、派遣活動を命ぜられた実行機関、例えば自衛隊は、二つの指揮系統から異なる任務を付与され、活動を実施する可能性もあるのである。そして、大規模な自然災害の派遣活動が収束するに伴い、地方公共団体に逐次に活動を任せるようにし、国レベルから地方公共団体の首長へとその責任が移行して、責任を引き受けた同首長の支援依頼に基づいて自衛隊は活動を行う。一方、原子力災害は、その派遣活動が終わるまで国が責務を遂行することとなり、派遣を命ぜられた自衛隊は、任務終了まで国の指揮命令で活動を行うこととなる。

ボトムアップ型の自然災害対応と、トップダウン型の原子力災害対応や国民保護措置とは、その性質を異にする。どちらにも国家緊急権に基づく一元的な対策本部を設置し、国の統制によって災害対策を行うような法律を作るべきである。

しかし、ここで気を付けるべきことは、ボトムアップ型の災害対応である自然災害であっても、国家非常事態となる大規模災害においては、当該地域の地方公共団体が機能不全に陥る可能性があり、かつ被害状況や被災者支援のニーズが判明しない段階では、プッシュ型で国が主導権を握り、災害対応を行うことが必要である。しかし、プッシュ型の支援を継続し過ぎると、現地では支援物資や支援活動を受け入れることができないほど人・物が供給過剰となり、救援人員と支援物資で地域や受け入れ施設が膨れ上がり、物資等の配分も管理も十分にできなくなり、支援が機能不全に陥る状況が発生する。現地の対策本部が機能し、被災者の支援ニーズが判明するに従いプル型支援に国は切り替えなければならない。

国や地方公共団体が強制力を発揮し、実行組織を使って救助活動をした場合には、支援を受け入れる現地の回復状況にマッチした対策・措置を行うようにプッシュ型支援の実施とその打ち切りの規定までを明確に盛り込むことが必要である。つまり、国民の人権・自由を制限しても必要がなくなれば直ちに、制限を解き原状復帰を図る考え方と同じである。大なたを振るって対応するべき国家非常事態でも、災害の態様に応じて柔軟に運用できるように法律を規定するとともに、指揮機能訓練や図上演習を行い、その考え方に習熟することが強く望まれる。

以上のような考え方をベースにして、国家緊急権に基づき国家非常事態全体を包含した、「安全保障基本法」のような基本法を作成するべきである。

第2節　民間防衛体制構築に向けた法整備等

1　現行「国民保護法」の限界を克服するための法改正

本節では、ジュネーヴ条約に規定される civil defense を外務省訳に倣って、「文民保護」と記述しているが、「民間防衛」と読み替えて理解していただきたい。

憲法上、有事における国家防衛及び民間防衛についての規定がないことから、我が国では憲法に抵触しない範囲で個別の法律によりそれが規定されている。

平成15（2003）年6月13日、武力攻撃事態対処法が施行された。なお、同法は、平成28（2016）年3月に平和安全法制の施行により、「武力攻撃事態等及び存立危機事態における我が国の平和と独立並びに国及び国民の安全の確保に関する法律」（以下、事態対処法）となっている。

事態対処法に関連して、平成16（2004）年に国民保護法制が整備された。その中で、国、地方公共団体等の責務、国民の協力、住民の避難に関する措置、避難住民等の救援に関する措置、武力攻撃災害への対処に関する措置等が定められている。

国際法的には、日本が1953年4月21日に加入した「1949年ジュネーヴ諸条約」の第4条「文民の保護」がある。その追加議定書のうち、「1949年8月12日のジュネーヴ諸条約の国際的な武力紛争の犠牲者の保護に関する追加議定書（議定書Ｉ）」第4編第1部第6章に「文民保護」(civil defense)、すなわち、敵対行為又は災害の危険から文民たる住民を保護・援助することを目的とした人道的任務についての規定がある。

その議定書Ｉ第61条（ａ）に、「文民保護の人道的任務」が定められており、その具体的な内容は61頁の「文民保護組織が遂行する人道的任務」の通りである。

同議定書Ｉにおいては、有事の際には地方公共団体の職員をはじめとした非戦闘員が中心となって、国民の保護のための措置を行うが、そうした文民保護の人道的任務に従事する者は攻撃などから保護しなければならないとされ、その保護のために、「文民保護組織に配属される軍隊の構成員及び部隊」について規定（第67条、次頁参照）されている。

国民保護法制定時の責任の所在に関する考え方として、武力攻撃事態等は、国家相互の外交が失敗したことにより発生するものであり、国のレベルでの利害の衝突や諸外国との外交交渉の決裂などに起因し、その結果として外国との交戦状態に至ると理解されている。

地方公共団体は、基本的には外交に関わる機会はほとんどなく、国がその外交責任を負っており、国の外交努力次第で、武力攻撃事態等の発生を阻止することも可能である。

仮にある地域が武力攻撃を受けたとしても、それはその地域の責任で武力攻撃を受けたのではなく、日本国が攻撃を受けたのであって、そのような考え方から、武力攻撃事態等については地域ではなく国の責任が前面に出る法律となっている。

自然災害であれば、前述の通り、第一対応者は市町村になっており、市町村で対応しきれないことを都道府県が補完し、都道府県が対応しきれないことを国が補完するという構成になっている。一方、武力攻撃事態等による災害に関しては逆に、国→都道府県→市町村の順となり、国が本来果たすべき役割に係る事務を地方公共団体に対し法定受託事務として依頼する形で、国民保護法は制定されている。

また、内閣総理大臣は、避難の指示や救援等に関する措置について、都道府県等が必要な措置を取らないときは、代わって指示を出し、又は自ら当該措置を講ずることができるとされている。災害対策基本法にはこのような内閣総理大臣の是正措置は規定されていないが、国民保護法に規定されているのは、最終責任を負う国が必要な措置を講じる責務があるとの考えによるものである。

他方、都道府県対策本部長（知事）が都道府県内の総合調整を行うことや、市町村長に対する必要な指示を行うことなどを詳細に規定し、都道府県の権限が強化されている。これは、都道府県が地域内全般を掌握して必要な措置を講じることで、個々の市町村が国民の保護のための措置を円滑に講じることができるようにするためである。

以上からみると、国の責任によって国民保護を行うことを原則としているものの、実際に避難等

文民保護組織に配属される軍隊の構成員及び部隊

文民保護組織に配属される軍隊の構成員及び部隊は、次のことを条件として、尊重され、かつ、保護される。

(a) 要員及び部隊が第61条（文民保護の定義及び適用範囲）に規定する任務のいずれかの遂行に常時充てられ、かつ、専らその遂行に従事すること。

(b) (a) に規定する任務の遂行に充てられる要員が紛争の間他のいかなる軍事上の任務も遂行しないこと。

(c) 文民保護の国際的な特殊標章であって適当な大きさのものを明確に表示することにより、要員が他の軍隊の構成員から明瞭（りよう）に区別されることができること及び要員にこの議定書の附属書I第5章に規定する身分証明書が与えられていること。

(d) 要員及び部隊が秩序の維持又は自衛のために軽量の個人用の武器のみを装備していること。第65条（保護の消滅）3の規定は、この場合についても準用する。

(e) 要員が敵対行為に直接参加せず、かつ、その文民保護の任務から逸脱して敵対する紛争当事者に有害な行為を行わず又は行うために使用されないこと。

(f) 要員及び部隊が文民保護の任務を自国の領域においてのみ遂行すること。(a) 及び (b) に定める条件に従う義務を負う軍隊の構成員が (e) に定める条件を遵守しないことは、禁止する。

2 文民保護組織において任務を遂行する軍の要員は、敵対する紛争当事者の権力内に陥ったときは、捕虜とする。そのような軍の要員は、占領地域においては、必要な限り、その文民たる住民の利益のためにのみ文民保護の任務に従事させることができる。ただし、この作業が危険である場合には、そのような軍の要員がその任務を自ら希望するときに限る。

3 文民保護組織に配属される部隊の建物並びに主要な設備及び輸送手段は、文民保護の国際的な特殊標章によって明確に表示する。この特殊標章は、適当な大きさのものとする。

4 文民保護組織に常時配属され、かつ、専ら文民保護の任務の遂行に従事する部隊の物品及び建物は、敵対する紛争当事者の権力内に陥ったときは、戦争の法規の適用を受ける。そのような物品及び建物については、絶対的な軍事上の必要がある場合を除くほか、文民保護の任務の遂行にとって必要とされる間、文民保護上の使用目的を変更することができない。ただし、文民たる住民の必要に適切に対応するためにあらかじめ措置がとられている場合は、この限りでない。

の警報、情報提供、避難誘導等は、法定受託事務として地方公共団体がそのほとんどの措置を行うことと規定されている。その際、都道府県対策本部長が実際の措置の大半を行うように義務づけられているにもかかわらず、措置の実行を命ずることができる国民保護専門組織は存在しない。例えば、住民避難においては誘導の実施という限定的措置にとどまっており、地方公共団体による「避難の実施」が行われる規定ではない。また、国民に対する国民保護措置に関する協力要請も強制力を伴ってはならないため、あくまでも「お願い」ベースの規定となっている。

しかしながら、武力攻撃事態等発生に伴う災害から国民の生命を守るためには、被害を受ける前に、短時間で安全な場所に国民は避難を終える必要があり、一時的に強制力をもった協力要請を行うのは止むを得ない措置である。国民の基本的人権を侵害しない配慮は当然ではあるものの、非常時においてもその権利を優先して、その結果多くの国民の生命が被害を受けては、国家としての責務放棄となってしまう。国民の権利を一時的に制限し、安全な状態になれば、その権利は直ちに復元するとの考え方を採用するべきである。

ここで改めて、議定書Ⅰの「人道的任務」と国民保護法に規定されている「国民の保護のための措置」とを比較してみたい。

議定書Ⅰには「避難の実施（evacuation）」、「救助（rescue）」、「汚染の除去及びこれに類する防護措置の実施（decontamination and similar protective measures）」とあるところが、国民保護法では、「避難の指示、誘導」、「避難住民等の救援」、「武力攻撃災害の防除・軽減、避難の指示、警戒区域の設定」と規定されている。国民保護法では、基本的に国民は自助により避難することと規定されており、都道府県や市町村は「避難の指示、誘導」の措置を行うまでで、避難実施や救助といった実行組織によってでしか実施できない任務は規定されていない。

つまり、国民保護法では、平時の地方公共団体等で実行可能な任務の規定にとどまっている。やはり、有事の実行組織を持たない限り、避難の実施、救助や汚染の除去及びこれに類する防護措置の実施は不可能である。

敢えて言うまでもなく、武力攻撃事態等において、安全に住民避難を行うには、侵攻前の段階で避難を完了することが望ましい。そのためには、現行法律を前提とすれば、住民に避難を強制できないので、説得により避難をしてもらうこととなる。しかしながら、現行体制下の県知事にとっては、住民避難の説得・誘導・避難所の運営の役割を果たせるのは、県庁職員に限定されよう。当該地域内に所在する自衛隊の部隊は、災害では知事の要請に基づき、派遣活動を優先して行うことができるものの、武力攻撃事態では、侵攻した敵部隊等の排除のために主として運用され、もしくは全国の防衛態勢をみて必要なところに転用されることとなる。このため、自衛隊による国民保護等の派遣活動は、武力攻撃事態対処の余力が無い限り極めて困難である。消防組織は、基本的に市町村の組織である。県警はある程度可能性はあるにしても、やはり地域の治安維持、犯罪防止や交通統制にその勢力を傾注せざるを得ないだろう。

国民保護のための住民避難地域に指定された当該地域には、前述したように年配者、幼児、身体的弱者、移動手段を持たない住民の方々が生活しており、こうした支援を必要とする住民の避難にあたって、避難指示と誘導だけで、国民保護措置を完遂することは極めて困難と言わざるを得ない。当該状況では、国民保護措置を行う地方公共団体の首長にとって、指揮命令して避難を実施させるための実行組織が必要不可欠である。

このような観点から、非常事態に指示命令によって国民保護措置、つまり避難の実施、救助及び汚染除去・防護等の措置ができるように同法を改正するとともに、その措置を現場において実行する民間防衛組織（国民保護組織）とそれに配属する部隊の設置についても法律に追記し、国が責任をもって民間防衛の実効性を担保するべきである。

また、列国は、民間防衛のシステムを防災などへ拡大して適用できるように危機管理コンセプトを変容させている。

米国は、核攻撃を想定した民間防衛用の資源を自然災害対策に活用する「両用（Dual Use）」が提唱され、「全災害対応型アプローチ（All-Hazards Approach）」というコンセプトの下、米国内で発生する他国からの武力攻撃、テロ、大規模自然災害、人為的な重大事故に至るあらゆる緊急事態を想定し、準備（Preparation）、対応（Response）、復旧（Recovery）、被害軽減（Mitigation）の各機能を共通化することで包括的な危機管理システムを構築している。

韓国は、「民防衛（民間防衛）」を、「敵の侵攻又は全国若しくは一部地方の安寧秩序を危殆に瀕せしめる災難から、住民の生命及び財産を保護するため、政府の指導下に住民が遂行すべき防空、応急的な防災、救助、復旧及び軍事作戦上必要な労力支援等一切の自衛的活動」と定義し、武力攻撃事態のみならず国家レベル・地方レベルの大規模災害事態をも対象としている。

台湾は、「全民国防」の確固たる方針の下、「民間防衛法」を制定し、同法第1条では「この法律は、民間の力と市民の自衛と自助の機能を有効に活用し、人々の生命、身体、財産を共同で保護し、平時の防災・救援の目標を達成し、戦時中の軍事任務を効果的に支援することを目的として制定される」と規定している。このように、台湾の民間防衛は、民間の力と市民による「共同防護」を基本とするとともに、平時の重大災害対処と戦時の軍事任務支援の平・戦両時を対象としている。

スイスも同様に、住民と国土を戦争や自然災害などの非常事態から守るために、民間防衛体制を強化している。

わが国も、国民保護法に基づいて作られた貴重な危機管理システムを武力攻撃事態等に限定することなく、内乱、組織的なテロ行為、重大なサイバー攻撃、大規模な自然災害や感染症の蔓延（パンデミック）等の特殊災害など、平時の統治体制では対処できない重大な事態、すなわち国家非常事態へも適用できるよう、システム設計を見直すべきである。

2　民間防衛に関する全省庁等横断的な法整備

国民保護法は総務省所管の法律であり、国家としての対応は内閣官房が主管し、その中の住民避難の実施は総務省が担任する。つまり、わが国では、各省庁の所管する法律がそれぞれ個別的に制定され、国民保護のための諸措置の実施は各省庁が分担しており、関係各省庁を統括して対応する仕組みとはなっていない。

例えば、新型インフルエンザ等対策特別措置法に基づき、新型コロナウイルス感染拡大に伴いＰＣＲ検査回数を大幅に増やすべきとの国の方針が出されても、この法律が厚生労働省所管であるために、保健所に対しては指示統制ができたものの、大学の病院・研究所等は文部科学省所管の組織であるために検査実施を直接指示できなかったと言われている。

また、国民保護法施行前、筆者がある県レベルの武力攻撃事態対処の図上演習に参加した際、県知事に「この段階ではすべての学校教育を停止し、生徒には自宅待機を指示した方が良いでしょう」と意見具申したところ、県知事からは「それは教育委員会の権限なので、知事にはできないのです」と言われたことがある。現行国民保護法では、その点はある程度改善されている。

また、新型コロナウイルス対応において、令和２（２０２０）年2月に、法的な根拠がない官邸主導の一斉休校要請によって、「全国の小中高校に3月2日から春休みまでの臨時休校」を行った。政治決断として、大なたを振るった危機管理の見本のような措置であったと評価できよう。しかし、緊急の政治決断ゆえに混乱も当然大きく、様々な処置をすべき問題が発生した。

こうしたコロナ対応などでの教訓を是非とも活かして、前述の通り、国家安全保障基本法を各省庁横断する形で策定し、首相が各省庁所管の機関や業務について一元的に統制できる権限を盛り込むべきである。予め統制内容が規定されていれば、関係省庁はそれに沿って、処置するべき事項を細部まで詰めて、必要な下位法令及び計画を策定することもできよう。

同様な教訓として、自衛隊法は防衛省所管で、「自衛隊の任務、自衛隊の部隊の組織及び編成、自衛隊の行動及び権限、隊員の身分取扱等」について定めているために、有事に自衛隊の部隊が国道を通る際には国土交通省の道路交通法の規定に沿うか、適用除外規定扱いの手続きが必要になる。また、火砲の陣地等は国土交通省所管の建築基準法との、自衛隊が開設する野外病院は厚生労働省所管の医療法との、それぞれ整合が必要なのである。そして、有事法制研究の結果適用除外とする旨が自衛隊法に盛り込まれた。

そもそもわが国の法律の作り方には、内閣提出法案（閣法）と議員提出法案（議法）があり、議法は1割強で圧倒的に閣法が多い。

閣法の原案作成は、それを所管する各省庁において行われ、各省庁は所管行政の遂行上決定された施策目標を実現するため、法律案の第一次案を作成する。この第一次案を基に関係する省庁との政策調整等が行われ、内閣法制局における審査を経て、法律案が閣議決定されて国会に提出される。

つまり、我が国の法律は所管省庁が作成することから、所管以外の他省庁の任務権限・所掌事務とのバッティングが起きないように配慮された法律となる傾向が強く、また、他省庁所管の部署に命ずることなどは基本的に避ける法律体系となるのが通例である。そのため、前述したように、有事における自衛隊の行動が他省庁所管の法律とバッティングした場合には、適用除外規定を得るために所管省庁の担当部署との調整が必要となる。適用除外となるか否かの結論は、所管省庁の解釈次第であり、これでは、ある意味、行政省庁が法律を策定し、その法律の解釈を行い、法律を執行する、いわば三権分立ならぬ三権を独占する省庁分立型の中央集権国家体制と言わざるを得ない。

わが国には国家非常事態における法律体系が存在しないことから、武力攻撃事態における国民保護は平時の行政事務の執行をベースとした総務省所管の法律によって行われることとなる。

本来、国家防衛や国民保護などの国家緊急権に基づく法律制定においては、所管省庁による法律策定方式ではなく、すべての国家機能の総合一体的な発揮を可能とする全省庁横断型の法律策定方式が不可欠である。例えば、民間防衛法が制定される場合には、学校・社会における国防教育（文部科学省所管）、非常事態への諸準備（防衛省・財務省・外務省・国土交通省・総務省・厚生労働省その他所管）、地域社会における協力連携（総務省・各地方公共団体・指定公共機関その他所管）、民間防衛訓練への参加（総務省・国土交通省・公安委員会その他所管）、国防への協力・義務（防衛省・総務省その他所管）等を盛り込むなどである。

3　民間防衛法実行のための組織設立の必要性

国家防衛を遂行するための法律には、安全保障会議設置法、自衛隊法、武力攻撃事態対処法、国民保護法などがあるが、果たして国家防衛を遂行するための首相の司令部組織・機能は存在するのだろうか。

国家安全保障会議（ＮＳＣ）は首相の諮問機関であり、各省庁を横断して統制するような権限もなく組織にもなっていない。防衛省なのかと言えば、防衛省は自衛隊法に基づき、自衛隊を運用するための省である。

つまり、非常事態の規定とそれに沿って一元的に業務を執行できる法律制定が必要であり、同時に非常事態における首相の指揮権限がすべての省庁を統制できるように一時的に権限を集中するとともに、それを実効的に行える指揮統制組織の設立が望まれる。

一方、一元的な指揮統制組織を設立した場合には、必ず非常事態における行動を訓練しておかなければならない。各省庁は、平時の行政事務とは異なる危機時の「優先順位をつけて事に臨む」という行動原理に習熟しなければならない。また、上下の関係となる組織は命令の下達と受領とを行わない命令の実効性を向上するとともに、付与した任務の完遂を可能とする「人・物・経費」の基盤付与をどの程度、いつ、どのようにすれば良いかまでを検証しておくことが必要である。訓練なしには、非常事態には絶対に組織は機能しないのである。

国民保護法では、地方公共団体が機能を発揮できない場合は国がすべてを行うこととなっている。実際、地方公共団体には、非常事態における指揮運用のための司令部機能は組織化されておらず、また、前述のとおり県知事等が運用できる危機管理組織はないに等しい状況である。これでは、いざ武力攻撃事態が起きれば国の負担のみが大きく、状況によっては国がすべての保護活動を措置する場合もありうる。

しかし、国の機関である自衛隊は武力攻撃事態においては、前述のとおり武力攻撃の排除を全力で実施することとなっており、これに支障のない範囲での国民保護措置とならざるを得ず、自衛隊による保護措置活動には大きく期待出来ず限界があることを認識しておくべきである。

そのため、地方公共団体、特に都道府県知事が運用できる組織として、知事の指揮活動を補佐する司令部およびジュネーヴ条約第1追加議定書に規定されている国民保護組織とそれを敵の攻撃などから保護することを主任務とした軍事組織、例えば地方予備自衛官部隊の設置が必要である。

4　国家非常事態における国民の権利と義務の明確化

国民保護法には、基本的人権の尊重や表現の自由の尊重が第五条で規定されている。災害対策基本法にはこうした規定は存在しないが、国民保護法には、憲法の精神や過去の戦争の教訓等を踏まえ、武力攻撃事態等における国民保護措置の実施に当たっての基本理念として明文化されている。

住民の避難に関する措置について、国民保護法制（法律施行令含む）では、災害対策基本法と比べて詳細に規定されている。これは、武力攻撃災害での避難では、自然災害による避難よりも大規模、広範囲かつ長期にわたることが想定されるためである。

更に、国民保護法では、災害対策基本法には規定されていない、安否情報の収集及び報告についての規定がある。これは、ジュネーヴ条約第1追加議定書に、敵対紛争当事国の行方不明者の捜索及び情報の提供が義務とされていることから、その条約上の義務の履行を担保するために同法に規定されているものである。その際、日本国民についての安否情報も収集及び報告すべきであるとの議論がなされ、結果的に日本人及び外国人双方についての当該規定が盛り込まれた。

また、国民に対する罰則も規定されているが、国民保護法においては他の現行法の規定とバランスをとった罰則となっており、武力攻撃事態等という非常時であるものの、現行法に比較して罰則は特段強化されていない。罰則のある代表的な違反事例は以下のとおりである。

・原子炉等に係る武力攻撃災害の発生又はその拡大の防止のための措置命令に従わなかった者
・物資の保管命令に従わなかった者
・国際的な特殊標章等をみだりに使用した者
・土地若しくは家屋の使用又は物資の収用に関し、立入検査を拒み、妨げ、又は忌避した者

・警戒区域又は立入制限区域への立入の制限若しくは禁止又は退去命令に従わなかった者

このように、最低限の罰則はあるが、国民に対して積極的な役割を求めるような義務規定は「発見者の通報義務（第98条）」を除いて他には一切存在しない。

ちなみに、スイスでは、スイスの市民権を持つ男子で兵役義務及び非兵役（民間役務）義務を負わない者すべてに民間防衛の服務義務がある。この服務義務は20歳に達する年に開始し、52歳に達する年の末日に終了する。服務義務者はその居住自治体の民間防衛組織に参加することとなっている。更に、警報発令時、すべての者は、スイス当局の行動に関する指示命令に従う義務がある。民間防衛組織又はその一部が出動したときは、すべての者に援助を義務付けることができる。例えば、住宅の所有者は、民間防衛に必要な場合に限り、自己所有の部屋を提供する義務があり、シェルターへの避難命令時には、余地を民間防衛のために無償で提供する義務がある。

スイスは、国民による直接民主主義で永世中立を武力行使によってでも維持するとの国家施策を選択しており、そのために必要な行動を全国民が行うとの考えが浸透している。

わが国が、憲法を改正するに際しては、スイスのような国民の国家防衛の義務並びにその選択肢と責務についても議論の上、必要な規定を憲法に盛り込むべきではないだろうか。

また、今後の安全保障環境を考えると、弾道ミサイルによる核兵器、化学兵器、生物兵器への考慮を始め、通常戦力による武力侵攻、新たな領域であるサイバー、宇宙、電磁波による脅威からの国民保護を考えることが必要となる。

総務省のホームページによると、国民保護法で前提としている武力攻撃事態は、次頁のとおりである。

新たな領域であるサイバー、宇宙、電磁波の脅威は、第3章で述べたように、グレーゾーン事態として平時から行われる可能性がある。つまり、こうした新たな領域の脅威は、明確な非常事態と認定できない、いわゆるグレーゾーン事態と呼ばれる段階で国民生活、社会経済活動、インフラへの影響や被害等が発生するのである。例えば、サイバー攻撃は、そのダメージを受けたとしても、それが果たして深刻なもので国民保護活動を行うべきものかどうかも判明しづらいという特徴をもつ。また、敵国の特定も困難である。

したがって、これら脅威を受けた場合には、たとえ個人的な被害であろうと、一企業であろうと、インフラである水道供給施設、電力供給施設等の一部署であろうと、それを通報する責任と、通報先を明確にしておくことが必要となる。そして、通報を受けたら、地方公共団体レベルで対応するべき事態か、国家レベルで対応するべき事態か、非常事態にまで発展する事態かを判定する組織・機能が必要となる。それに応じて、対応するべき部署、または主管省庁が各対策本部等の危機管理部門を立ち上げて、対応にあたり、被害状況の把握、措置の実施、関係機関との相互連携などを行えるような態勢の整備が必要となる。こうした態勢が機能するためには、平時から権限を付与しておく法律体系が必要である。

武力攻撃事態の類型と特徴

類　型	特　徴
着上陸侵攻	・船舶により上陸侵攻の場合、沿岸部が当初侵攻目標 ・航空により上陸侵攻の場合、沿岸部近くの空港が目標 ・国民保護措置地域が広範囲、期間は長期に及ぶ
弾道ミサイル攻撃	・発射段階での攻撃目標の予測困難 ・弾頭種類の特定困難、かつ種類により被害様相変化大
ゲリラ・特殊部隊攻撃	・被害は突発的 ・被害範囲は狭い範囲に限定、目標施設により被害変化大
航空攻撃	・兆候察知は容易、攻撃目標予測は困難

〈出典〉総務省 国民保護ポータルサイトより

このように、従来の武力攻撃事態等に加えて、サイバー、宇宙、電磁波の新領域における脅威にも対応できる民間防衛体制の構築が真に望まれるところである。

次の第3部では、地方公共団体の非常事態対処能力の向上のため、そして自衛隊による武力攻撃事態への対応に戦力を集中するために、民間防衛組織の創設について述べてみたい。

第3部　民間防衛組織創設についての提言

第2部において、憲法や国家の法体系のあり方、中央組織のあり方について述べてきた。ここでは、本書の真髄となる「国民保護に直接関係する都道府県レベルにおける民間防衛組織」のあり方について、より具体的に検討してみた。

第1章 都道府県知事直属の民間防衛組織創設

1 民間防衛組織創設の必要性

日本の民間防衛のあり方というテーマで、その経緯や国民保護法、有事法制の成立等をみてきた。特に国民保護法は、有事法制研究の成果として成立した。同法は、総務省が所管となり、法律そのものは極めて精度が高く非の打ちどころのないものとして施行されている。

しかしながら、国防ニーズがほとんど反映されていないという点、緊急事態に迅速に国民保護が達成できるかという点からみると基本的問題が内在していると言わざるを得ない。

有事法制研究では、同時に第1分類（防衛庁所管の法令）、第2分類（防衛庁以外の省庁所管の法令）も研究され、自衛隊を運用するにあたって、国内法との整合性が図られた。しかし、自衛隊法と国民保護法は、それぞれ防衛省と総務省が個別に所管していることから、縦割りの法律となっている。国民保護法の中で、災害派遣要請同様に、各自治体の長が自衛隊に対する派遣要請の権限を有するが、自衛隊は有事には対敵行動を主体とすることから、余力の程度に応じて国民保護にあたらざるを得ない。また、外交交渉や防衛行動との関係から国民保護措置はどの様に実施されるのか、強制力を伴わない避難行動は防衛出動に影響を及ぼさないのか、といった点は不明なまま、各省庁、各自治体の国民保護計画は作成されている。

こうした国土防衛事態における住民避難は、強制力を伴わないために緊急性に欠け、統一的行動を取れないという致命的な欠陥を露呈する恐れがあり、早晩、国民保護法の改正も必要となろう。また、諸外国の例をみても明らかなように、国民が個々に避難するのは、そもそも困難である。組織的な避難を行うには、民間防衛組織のような国民保護専門組織が必要である。

以上の制度的な必要性について、以下では具体的な政策提言をしてみたい。

2 自衛隊の役割再考と都道府県知事直属の民間防衛組織創設

前述の通り、国民保護法は総務省所管（実際は消防庁）であり、敵部隊対処のための自衛隊運用は防衛省である。総務省所管の国民保護法の内容は、極めて精緻でよく整備されている。昭和53（1978）年に有事法制の研究が開始されたときからみると、よくぞここまで進歩したと感慨さえ覚えるほどである。特に国民保護研究は第3分類に整理され、「所管省庁が明確でない事項に関する法令」との取扱いであったものを、総務省はよくまとめ上げている。

一方、国家的視点で観た場合には、国民は弱者として一方的に保護されるのみで良いのか、各地方公共団体は国からの法廷受託事務を受けてそれを措置する立場だけで良いのか、との懸念がある。

自衛隊は、領土主権を守るために武力侵攻する敵の意志を早期に挫くべく防衛行動に専念することが求められる。国民を保護したいという気持ちは、自衛官であれば純粋に全員が抱くであろう。ただし、第一の任務である国土を敵から防衛することがやはり最優先とならざるを得ない。

特に陸上自衛隊は、災害派遣等で培ってきた地方公共団体との連携や住民との信頼関係から、何が何でも国民保護に万全を尽したいとの思いがあるのは間違いない。

このようなジレンマの中で、防衛出動に専念することには内心忸怩たるものがあろう。そこで、国が国土防衛・国民保護の最大の責務を有することに変わりはないものの、地方公共団体及び指定公共機関並びに国民にも最低限必要な責務と権限を持たせる制度を作るべきではないだろうか。

その中の一つとして、国の統制下、都道府県知事が主体となって国民保護を行う場合に、運用可能な民間防衛組織とそれを保護する予備自衛官部隊の創設が考えられる。これにより、自衛隊は防衛出動に専念することができるようになる。こうした制度を構築すれば、当然主体となる都道府県は国民保護訓練を主体的に行うとともに、各地域の実情に応じた指定公共機関の責務を規定し、共に訓練を行うことができるようになるだろう。

また、憲法改正を前提とするものの、国民に必要最低限の民間防衛義務を課すことによって、安全保障と国土防衛の意味合いを捉え直すことができるので、強靱な国家建設につながるだろう。

民間防衛の研究については、日本でも過去にその検討がなされたことがある。それは、予備役の在り方を通じた検討であり、この研究は民間防衛を研究するにあたり極めて重要な先例となるだろう。よって、次章では、戦後の予備役制度の在り方の検討状況を確認することにする。

第2章 戦後の予備役制度と民間防衛組織としての郷土防衛隊創設の検討

1 検討の経緯

わが国において、正規兵力を補完する予備兵力や郷土防衛隊等の民間防衛組織の必要性が問題提起されたのは、昭和28(1953)年8月に駐留米軍が「Combat Prefectural Guard」(都道府県(郷土)戦闘警護隊:仮訳)の創設を勧告した吉田内閣時代にさかのぼる。

昭和25(1950)年に警察予備隊が創設され、次いで昭和27(1952)年に保安隊に改称され、昭和29(1954)年には自衛隊に改組された。

防衛力整備にあたって、わが国政府は、当時の国力国情に鑑み、正規兵力を極力抑制する代わりに、郷土防衛隊等の予備兵力や民間防衛組織を整備してこれを補完するとの方針の下に研究を進めてきた。

元をただせば、「経済重視、軽武装」の吉田ドクトリンに由来するが、必要最小限度の正規兵力の保持を前提として、「自国本土の有事を考えた場合、進攻してくる敵部隊を迎え撃つ（正規）兵力とは別に、後方を警備したり、疎開支援や住民防衛や治安維持に任じたりする組織が必要となる」（樋口恒晴著「〝郷土防衛隊〟構想の消長」〈政教研紀要第22号別冊、平成10年1月31日発行〉）と考えたのは当然のことである。

昭和28年、吉田内閣の木村保安庁長官は、「民間防衛組織」建設の必要性について言及した。昭和29（1954）年、木村防衛庁長官（7月1日に改称）の下で、自衛隊発足と同時に陸上自衛隊において予備自衛官制度が創設された。ちなみに、海上自衛隊は昭和45（1970）年に、航空自衛隊は昭和61（1986）年にそれぞれ予備自衛官制度を導入した。

同じく昭和29年に、改進党は、その防衛力整備計画案の中で民兵制度「地方自衛隊」（案）について発表した。「国民をして自衛の精神に奮いたたせるためには、国民の気持ちに即応する民兵制度を考慮すべきではないか」として、正規地上兵力を12万1100人に抑制する代わりに、地方自衛隊を少なくとも9万人にするとした。

鳩山内閣で策定途上であった防衛六カ年計画案（昭和30年〜35年度）にも、昭和30（1955）年7月当時、民兵制度が盛り込まれていた。しかし、当時の杉原防衛庁長官の真の狙いは、民兵制度の

①大学卒業者を対象に400人くらいを採用する。半年で1曹、1年で3尉となる。
②有事は招集する。
③陸上自衛隊の定員に含める。

①軍事訓練より大学生の集団生活の機関とする。
②国民の防衛意識つくりを重視する。
③有事にも強制徴集しない。
④訓練は3か月～6か月とする。
⑤就職で有利になるよう経団連に働きかける。
⑥規模は2から3万人とする。

必要性を認める一方で、「正規の自衛隊のほかに、さらにごく短期の訓練をした者を増やしたらどうか」というものであり、陸上自衛隊の正規兵力規模の抑制論と一体のものであった。その後、民兵制度については「実行はむずかしい」として消極姿勢に転じた。

同年8月、防衛庁長官は砂田重政氏に交替し、同長官は郷土防衛隊構想を積極的に推進した。「国民総動員による国民全体の力によってのみ防衛は成り立つ」と述べ、予備自衛官制度と並ぶ自衛隊の後方支援と郷土防衛を担う組織としての郷土防衛隊構想を掲げ、地域社会の青年壮年を対象にこれを組織する必要性を説いた。同時に、予備幹部自衛官制度の検討を指示した。

予備幹部自衛官制度は、戦前の予備士官制度に相当するもので、陸上幕僚監部が作成した原案は、上記上段の通りであった。

しかし、予備幹部候補自衛官構想は、「就職を餌にして事実上の徴兵制度への道を開こうとするもの」などと野党の批判を受けたので、砂田長官は姿勢を転換して上記下段の改革案を発表した。

構想では、「就職で有利なように経団連に働きかける」としていたが、経団連も就職の確約ができず、また「何のための制度か」と

①昭和31年度から実施する。
②志願制とする。任務は間接侵略対処。有事にも召集の義務は課さない。
③初年度は、各県400～500人で計約２万人、昭和35年までに約10万人とする。
⑤防衛二法とは別に「郷土防衛隊法」を作成する。
⑥対象となる年齢は満18歳前後から50歳前後とする。
⑦訓練は陸上自衛隊が指導し、初年度の訓練は１か月程度で、２年目以降は少なくする。
⑧武器は、小銃、拳銃、バズーカ砲（対戦車ロケット弾）、迫撃砲ていどの小火器に限る。
⑨その他

のそもそも論が浮上して、本構想は昭和30年9月頃に立ち消えになった。

他方、郷土防衛隊について、砂田防衛庁長官は昭和30年9月、「自衛隊の除隊者ではなく、消防団や青年団をベースとした民兵制度を考えている」と述べた。その後、発表された防衛庁の基本構想は、上記の通りである。

同年10月、防衛庁は、郷土防衛を目的とし、非常の際、自衛隊と協力して防衛の任に当たる「郷土防衛隊設置大要」を決定した。その概要は、次頁の通りである。

また、同じころ、「屯田兵」構想が持ち上がり、昭和31（１９５６）年度予算で正式に予算化された。自衛隊退職者を北海道防衛のための予備兵力として有効活用しようとするもので、１人10町の耕地を与えて入植させる計画であった。しかし、応募者が少なく立ち消えになった。背景には、戦後の経済復興が軌道に乗り、国民所得も戦前の最盛期であった昭和14（１９３９）年の水準に回復し、屯田兵の魅力が高まらなかったことが挙げられる。

昭和30年11月、保守大合同によって自由民主党が成立した。郷土防

郷土防衛隊設置大要

目　的	郷土防衛隊は郷土（各都道府県）の防衛を目的とし、非常の際、自衛隊と協力して防衛の任務にあたる。
募集方法	18歳以上45歳までの男子を対象に府県ごとに募集し、昭和31年度には全国で５千人、昭和35年度末（1961年３月）には５万人に達するようにする。
訓　練	毎年20日以内、各地の自衛隊所在地で訓練する。
給　与	毎月一人５百円を支給するほか訓練の際は特別の手当てを出す。このほか作業服なども支給する。ただし31年度は募集の関係上隊員の給与は３か月分の支給を予定する。
編　成	平時は特に隊を編成せず、有事の際に編成する。
指揮系統	郷土防衛隊が編成される際は、管区総監直轄下に属する。
階　級	階級は定めず、大隊長、中隊長などの職制を設けることとする。
装　備	小銃ないし機関銃を装備する。
指揮官	31年度は自衛隊内から出すが、漸次郷土防衛隊の中から指揮官を作るようにする。
その他	隊員の募集および訓練は自衛隊の地方連絡部が行う。また隊員の罰則については検討中。

衛隊構想は、大蔵省の査定で、昭和31年度予算に盛り込まれなかった。船田防衛庁長官は、「郷土防衛隊の考え方は…防衛体制を整備して行く上におきまして、第一線に立つ自衛隊の後方を守る、そしてそれぞれの郷土において自分の郷土を守る青壮年の組織ができるということは大へんけっこうである…」としつつも、十分検討する必要があると述べた。

自民党内部でも再検討を要求する声が強くなったが、旧自由党（初代総理・吉田茂）系は時期尚早として郷土防衛隊構想に消極的であったこともあり、郷土防衛隊設置大要は、事実上白紙還元された。

昭和32（1957）年6月の岸・アイゼンハワー共同声明を受けて、8月1日に日本に駐留していた第1騎兵師団を撤退させ、第3海兵師団第9連隊を沖縄に移駐させた。それ以降、日本政府与党の陸上戦力増強への積極論は見受けられなくなった。

昭和34（1959）年7月に公表された第2次防

衛力整備計画（昭和36年〜40年度）の防衛庁原案では、1万5千人から3万人への予備自衛官の増員、2万人の市民防衛制度の創設、3万人の短期訓練による予備役の設置などが計画された。

昭和36（1961）年7月、第2次防衛力整備計画の正式決定時には、国防会議で、「全国的規模における民間協力の組織について検討を行なうものとする」という申し合わせが行なわれた。

その流れの中で「昭和38年統合防衛図上研究」いわゆる「三矢研究」においては、①重要施設・機関、都市等の空襲騒擾に対する防衛組織、②民間防空・民間防空監視隊、官庁防空、③郷土防衛隊の設置（非常時国民戦闘組織）、④消極防空に対する統制権限（自衛隊に付与）、⑤災害保護法等の制定が盛り込まれていた。

しかし、昭和40（1965）年2月10日に社会党の岡田春夫代議士が国会で「三矢研究」を問題にして以降、本格的な有事研究は防衛庁内部でも行なえなくなった。民兵組織としての郷土防衛隊研究やその他の有事における民間による作戦協力の検討も、行なわれなくなった。

昭和44（1969）年、元防衛庁長官の船田自民党国防部会長は、私案「沖縄以後の国防展望」を発表した。その中で、次のように述べている。

わが国防衛力の一大欠陥は、第一線防衛部隊並びに装備に次ぐ背景の予備隊またはその施設の少ないことである。予備自衛官3万人は余りにも少ない。しかし、これを10万人に増員することは至難である。そこで、最もわが国情、国力に相応する防衛組織は、郷土防衛隊の組織ではないかと思う。わが国には、古くから消防団の組織があり、青年団等の経験も積んで居り昔屯田兵組織もあった。郷土防衛隊百万人を組織することは敢えて不可能ではあるまい。これこそ、最も平和憲法の精神に合致し、国情に適した防衛組織として国民の理解をうることのできるものであろう（なお、現在の「全国の消防職員および警察職員の勢力と有事編入の可能性」についての検討は、後述する）。

一方、付属説明の中で、自衛隊の規模については、「現状において満足とは申せないが、他に優先的に努力を要する事項が多いので省略する」としている。

この点について、「百万人郷土防衛隊」を整備すれば、相当な自衛隊の増強に匹敵し、自衛隊が郷土の防衛問題に後ろ髪をひかれることなく正規部隊をフルに前線で使用できる体制が整備できると強調している。しかし、三矢研究などの影響もあり、具体的政策として実現することはなかった。恐らく、この船田元防衛庁長官の所信表明が郷土防衛隊に関する最後の政策提言であろう。

以上述べてきたように、戦後のわが国においても、昭和30年代を中心に、自衛隊を補完するための郷土防衛隊等の予備戦力や民間防衛組織に関して真剣な検討が行われた時期があった。

しかし、自衛隊の防衛力整備において、その前提であった陸上自衛隊を焦点とする常備戦力の規模を抑制する代わりに、郷土防衛隊等をもって補完するという方針は、その後実現することなく国の政策検討から外された。そして、抑制された常備戦力の規模が、予備戦力の裏付けなしに存在するという「全体規模の抑制（縮減）と縦深性のない歪な兵力構成」のみが残る結果となった。

その後、人的戦力の増強が見込めないとの状況を受け、防衛庁（当時）は、前線に立つ陸上自衛官の数を確保するために、陸上自衛官に代わって駐屯地の維持管理の業務に従事させる技官・事務官を採用する施策がとられた。しかしながら、近年では国の行政機関における事務官等の定員削減の施策により、再度自衛官による駐屯地の維持管理業務への従事者が増加しつつある。

2　自衛隊の予備自衛官（予備役）制度の現況

戦後、わが国は、警察予備隊発足当初から、終始一貫して志願制を採用してきた。その基本政策の枠組みの中で、わが国の予備役制度は、昭和29（1954）年の自衛隊発足と同時に予備自衛官制度として創設された。

前述の通り、創設当初は、陸上自衛隊のみが本制度を導入したが、その後、昭和45（1970）年に海上自衛隊、昭和61（1986）年に航空自衛隊がそれぞれ本制度を導入した。

平成9（1997）年度、従来の予備自衛官に加え、陸上自衛隊のコア部隊（左頁コラム）創設に伴い、予備自衛官より即応性の高い即応予備自衛官を制度として採り入れた。次いで、平成13（2001）年度、国民一般に自衛隊への参画機会を拡大し、将来にわたって予備自衛官の勢力を安定的に確保するとともに民間の専門技能を活用することを狙いとした予備自衛官補制度を導入し、平成

14（2002）年度から採用を開始した。このような経過を辿って、現行の予備自衛官制度は、①即応予備自衛官、②予備自衛官および③予備自衛官補の三つから成り立っている。

column

陸上自衛隊のコア部隊

陸上自衛隊の組織の一つで、平時の充足率を定員の20％程度に抑えた、部隊の中核要員によって構成された部隊のこと。

現在の陸上自衛隊は、組織全体が常態的に定員割れとなっている。この状況下で人員を均等に割り振ると、多くの部隊が戦力低下・機能不全を引き起こす危険性がある。一方、重要な部隊の充足率を極度に高めると「紙面上にしか存在しない、実働不能の幽霊部隊」が生まれてしまうことになる。

そこで、重要な部隊の充足率を向上させつつ、一部の部隊は、平時はその中核となる幹部・陸曹のみを配置して、毎年招集される即応予備自衛官の訓練などを担当し、有事の際には招集された即応予備自衛官等を集中的に配属することにし、これによって急速に定員を満たして活動するコア部隊の仕組みが作られた。

〈出典〉各種資料を基に筆者作成

即応予備自衛官は、自衛官勤務が1年以上、退職後1年未満の元陸上自衛官または陸上自衛隊の予備自衛官の志願者の中から選考によって採用される。1年を通じて30日間の訓練に従事し、防衛招集命令、国民保護等招集命令、災害等招集命令を受けて自衛官となり、あらかじめ指定された陸上自衛隊の現役部隊の編成に組み込まれ、第一線において活動する。

予備自衛官は、自衛官としての勤務期間が1年以上の元自衛官の中から志願に基づき、選考によって採用される。1年を通じて20日を超えない期間の訓練（現在は年5日）に従事し、前記と同じ招集命令を受けて自衛官となり、後方地域の警備、後方支援、基地の警備などの要員として活動する。

予備自衛官補は、後方地域の警備などに従事する「一般」と医療従事者、語学要員、情報処理技術者、建築士、車両整備などに従事する「技能」に分かれる。双方とも、自衛官未経験者の中から志願に基づき、「一般」は試験、「技能」は選考によって採用される。「一般」は3年以内に50日、「技能」は2年以内に10日の教育訓練を修了すれば、予備自衛官に任用され、その後の運用は、前述の予備自衛官と同じである。

令和3（2021）年度末の定員は、即応予備自衛官（陸上自衛隊のみ）7、981人、予備自衛官47、900人そして予備自衛官補4、621人で、総数約6万人の体制であるが、実員は4万人弱の模様である。

なお、旧軍の予備役制度について関心がある方は、巻末の「旧軍の予備役制度」を参照されたい。

次頁上図表の通り、日本の予備自衛官数（予備兵力）は、他国と比較して極めて少なく、さらに

	日　本	米　国	韓　国	台　湾	スイス
正規軍（万人）	22.6	130	62.5	16	2.1
予備兵力（万人）	6 （※実員４万人弱）	80	310	166	21.8
民間防衛	無	有	有	有	有
備　考	〈出典〉日本、米国、韓国、台湾は令和元年版『防衛白書』 スイスは「Global Firepower 2020」				

民間防衛の制度も整備されていないため、両者は日本の安全保障・防衛上のアキレス腱として安全・安心の確保に大きな課題を投げかけている。

以上、戦後の予備役制度と民間防衛組織としての郷土防衛隊創設の検討の経緯及び自衛隊の予備自衛官（予備役）制度の現況について述べた。

次章では、自衛隊の人的戦力が不足しているという厳しい現実を踏まえ、過去に検討されたものの実現に至らなかった郷土防衛隊及びこれを支援する予備自衛官制度の創設についての研究成果をまとめて、政策提言としたい。

第3章 政策提言 民間防衛組織の創設とそれに伴う新たな体制の整備

1 国、自衛隊、地方自治体および国民の一体化と民間防衛体制の構築

(1) 国の行政機関

国家防衛は、軍事と非軍事の両部門をもって構成されるが、その軍事部門を防衛省・自衛隊が所掌することは自明である。他方、非軍事部門については、民間防衛（国民保護）を所掌する責任官庁不在の問題があり、その解決と縦割り行政の弊害をなくすために、行政府内に国家非常事態対処の非軍事部門を統括する機関を新たに創設することが望ましい。

平成26（2014）年に自民党の東日本大震災復興加速本部（本部長・大島理森副総裁）が「緊急事

【参考】「緊急事態管理庁」の設置提言について
自民党の東日本大震災復興加速本部（本部長・大島理森副総裁）は、2014年8月1日の総会で、地震津波、原発事故などが重なる複合災害に機動的に対応するため、「緊急事態管理庁」の設置を政府に求める提言書をまとめ、安倍晋三首相に提出した。
緊急事態管理庁は、大規模災害時に自衛隊や海上保安庁、警察、消防などの機関を一元的に指揮するもので、平時は、救助や災害復旧などの研究や訓練を行うこととしている。

態管理庁」の設置について提言を行ったが、例えば、内閣府または総務省に「国土保全庁」を設置するか、米国の「国土安全保障省」のように、各省庁の関係組織を統合して一体的に運用する「国土保全省」を創設する選択肢もある。

その際、内閣府または総務省に設置する場合は、内閣に設置された国土強靭化推進本部や総務省の外局である消防庁と国土交通省水管理・国土保全局を中心に、その他の関係組織を組み入れて編成するのも一案である。なおその際、行政各部の施策の統一と総合調整の役割を担う内閣官房および内閣府の肥大化が問題になっているので、これ以上の任務及び所掌事務の増大を極力避けるよう留意しなければならない。

（2）自衛隊

「必要最小限度の防衛力」（次頁上記参照）として整備されている自衛隊は、武力攻撃事態等において、現役自衛官の全力をもって第一線に出動し、主要任務である武力攻撃等の阻止・排除の任務に従事する。その出動に伴って生じる後方地域の警備の空白を埋めるためには、予備自衛官をもって編成され、専ら後方地域の警備等の任務に従事する「地区警備隊」（細部は後述）を全国

【参考】必要最小限度の防衛力と予備自衛官制度の必要性
有事の時には、大きな防衛力が必要であるが、その防衛力を日頃から保持することは効率的ではない。このため、普段（平時）は、必要最小限度の防衛力で対応し、有事の時に必要となる防衛力を急速かつ計画的に確保することができる予備の防衛力が必要である。多くの国でも、この（予備役）制度を取り入れている。
〈出典〉防衛省ホームページ

に配置することが必要である。

（3）地方自治体

各都道府県には、国の統括機関に連接して「地方保全局」を設置し、その下に民間防衛組織としての「民間防衛隊」を置く。

市区町村には、「地方保全局」に連接して同様の部局を置くものとする。

（4）国民

国民は、それぞれ「自助」自立を基本とし、警報や避難誘導の指示に従うとともに、近傍で発生する火災の消火、負傷者の搬送、被災者の救助など「共助」の共同責任を果たす。また、地方自治体に創設・運用される「公助」としての民間防衛隊へ自主的積極的に参加するものとする。

以上をもって、国、自衛隊、地方自治体および全国民が参画する統合一体的な国家非常事態対処の体制を構築する。

その際、わが国の国土強靱化に資するため、国・地方自治体あるいは地域社会において、危機管理に専門的識能を有する退職自衛官の有効活用が大いに推

【参考】陸上自衛隊の警備区域について
「陸上自衛隊の警備区域に関する訓令・達」は、方面管区制を前提としている。

方面総監に「警備区域」を与え、方面総監は警備事項のうち所要の事項に関する職務を隷下の師団長又は旅団長（以下「師団長等」）に行わせるため、警備区域を「警備地区」に区分して師団長等に付与する。

師団長等は、警備地区を「警備隊区」に区分し、当該区域の所要の警備事項を適任の部隊等の長（連隊長等）に行わせることができる。

警備隊区の警備事項を行う部隊等の長を「警備隊区担当部隊長」といい、警備隊区担当部隊長は、特に必要と認める場合には警備隊区を区分し、指揮下部隊等の長に所要の警備事項を行わせることができる。

なお、「警備地区」及び「警備隊区」を区分するに当たっては、なるべく都、府、県、支庁単位とし、やむを得ない場合においても市、町、村等の地方行政区画に一致させるものとする、と定められている。

なお、方面総監は、終始、「警備区域」内に止まるが、師団長等以下は、「警備地区」等を離れて他正面に機動的に運用される場合がある。

（細部は、「陸上自衛隊の警備区域に関する訓令・達」による）


奨されるところである。

また、各地方自治体と自衛隊の連携・協力関係の一層の強化が求められており、そのための制度や仕組みを整備することが必要である。

2　自衛隊（陸上自衛隊）の後方地域警備等のあり方

自衛隊（陸上自衛隊）の後方地域警備のあり方については、「陸上自衛隊の警備区域に関する訓令・達」（上記参照）の規定を前提として検討する。

陸上自衛隊の師団長等が担任する「警備地区」に、予備自衛官をもって編成され、専ら後方地域の警備等の任務に従事する「地区警備隊」を創設し、配置する。

「地区警備隊」の下に、各都道府県の警備を担任する「警備隊区」ごとに、「隊区警備隊」を置く。

地区警備隊の編成（案）

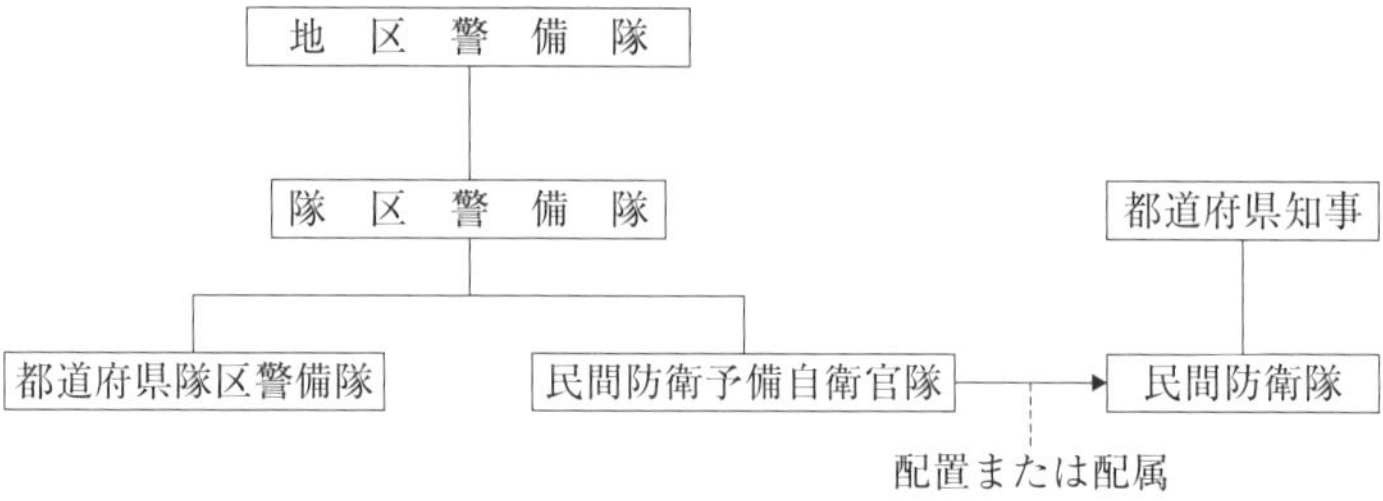

その際、隣接地域にある「地区警備隊長」又は「隊区警備隊長」は、それぞれ関連ある警備事項を適時相互に連絡、通報し、協力するものとする。

「隊区警備隊」は、「都道府県隊区警備隊」と「民間防衛予備自衛官隊」をもって編成する。（上記「地区警備隊の編成（案）」参照）

「都道府県隊区警備隊」は、都道府県隊区ごとに配置され、敵の潜入攻撃に対する警戒、人員並びに重要施設等の防護、潜入した敵の限定排除等の後方地域の警備に任ずる。

「民間防衛予備自衛官隊」は、次の項で述べる「民間防衛隊」に配置・配属され、「民間防衛隊」とともに文民保護の任務に従事する。

その際、「都道府県隊区警備隊」と「民間防衛隊」は、「民間防衛予備自衛官隊」を通じて、それぞれの任務遂行に関連ある事項を適時相互に連絡、通報し、協力するものとする。

「地区警備隊長」は、通常、師団長等の指揮を受ける。また、「隊区警備隊長」は、警備隊区担当部隊長の運用統制（運用上の限定指揮）を受けるものとする。

師団等が、「警備地区」を離れて他正面に機動的に運用される場合

文民保護組織が遂行する人道的任務（ジュネーヴ民間防衛条約第61条）
①警報の発令、②避難の実施、③避難所の管理、④灯火管制に係る措置の実施、⑤救助、⑥応急医療その他の医療及び宗教上の援助、⑦消火、⑧危険地域の探知及び表示、⑨汚染の除去及びこれに類する防護措置の実施、⑩緊急時の収容施設及び需品の提供、⑪被災地域における秩序の回復及び維持のための緊急援助、⑫不可欠な公益事業に係る施設の緊急の修復、⑬死者の応急処理、⑭生存のために重要な物の維持のための援助、⑮①から⑭までに掲げる任務のいずれかを遂行するために必要な補完的な活動（計画立案及び準備を含む。）

は、「警備地区」は方面総監の「直轄警備地区」となり、「地区警備隊長」は当該方面総監の指揮を受けるものとする。

3　民間防衛隊の創設

（1）編成と任務

民間防衛隊は、各都道府県知事の下に創設することとし、退職自衛官、消防団員など危機管理専門職の要員を基幹に、大学等の学生や一般国民からの志願者の参加を得て編成する。

その任務は、上記のジュネーヴ民間防衛条約第61条（文民保護の定義及び適用範囲）に規定された上記任務に沿って遂行するものとする。

（2）民間防衛隊の創設に必要な人的可能性

ア　退職自衛官活用の可能性

（ア）自衛官の退職状況

防衛省の「人事教育施策の現状・課題について」（平成22年4月）に

退職者数（階層別）（平成20年度）

区　分	退職者数	退職年齢（平均）	退職後70歳までの年数	退職後70歳までの人数
幹　部	2,021名	56歳	14年	28,294名
准　尉	821名	54歳	16年	13,136名
曹	3,164名	53.5歳	16.5年	52,206名
士	7,222名	25歳	45年	324,990名
合　計	13,228名	—	—	418,626名

〈備考〉定年：将官（歳）60、１佐56、２～３佐55、尉官54、准尉～１曹54、２～３曹53、士２～３年の任期制

〈出典〉https://www.kantei.go.jp/jp/singi/shin-ampobouei2010/dai5/siryou3.pdf（as of May 6, 2020）

よると、年間の自衛官の退職状況は、上記図表の通りである。同表の通り、平成20年度の自衛官の退職者数は、１３、２２８名である。本資料はやや古いが、自衛官の退職状況は、例年さほど変わらないと見られるので、サンプルとして使用することとする。

同表は、民間防衛隊で活動できる上限年齢を70歳とし、退職自衛官のすべてが民間防衛隊に参加したと仮定した場合に、その人数を概算したものである。

その結果、民間防衛隊に参加できる退職自衛官は、約40万人であり、退職自衛官の活用の可能性を探る上で、大まかな指標とすることができよう。

（イ）退職自衛官活用の可能性

前記のうち、約４万人が予備自衛官として登録している。また、健康や家庭状況などに問題のある者を除けば、ほとんどの退職自衛官は、公的年金支給開始年齢（65歳）前後まで民間企業等に再就職している。

そのような背景から、退職自衛官の中でも、比較的若年層の民間防衛隊への参加は、あまり期待できない一方、高齢層の参加は大いに見込むことができるであろう。

退職自衛官は、大学等の学生や一般国民等から構成される民間防衛隊にあって、自衛隊で培った専門知識・技能や豊富な経験を活かし、リーダー（指導者）、インストラクター（教育者）及びマネジャー（管理者）などの中核的役割を果たす人材として不可欠な存在である。

そのため、民間防衛隊の創設に当たっては、極力多くの退職自衛官の参加を促し、その能力を発揮できるような制度設計に努めるべきである。

イ　消防職員活用の可能性

（ア）消防団の歴史

消防団の歴史は、江戸時代の町組織（自治組織）としての火消組（「町火消」）にさかのぼる。明治になって、火消組は消防組となり、府県知事の警察権の管掌下に置かれた。

昭和4（1929）、5（1930）年頃から、軍部の指導により民間防空団体としての防護団が各地に結成された。国際情勢が悪化していく中、昭和12（1937）年に防空法が制定され、国防体制の整備が急がれるようになった。

昭和14（1939）年の勅令によって「警防団令」が公布され、消防団と防護団を統合して新たに「警防団」を設置し、警察の補助機関として従来の消防業務に防空任務が加えられ、終戦に至った。

戦後、米国調査団の報告によって、警察と消防を分離するよう勧告があり、GHQから警察制度の改革について指示がなされた。昭和22（1947）年4月に消防団令が公布され、従来の警防団は廃止された。しかし、民主化が不徹底とするGHQの指導によって、内務省は、昭和22（1947）年12月に消防組織法を公布し、消防が警察から分離独立するとともに、消防団の指揮監督権はすべて市町村に移管された。

その後、日本の再建途上において、消防組織の一層の強化拡充が必要となり、昭和26（1951）年に議員立法により消防組織法が改正され、それまで任意設置であった消防機関が義務設置となり、今日に至っている。

なお、昭和22（1947）年5月3日に施行された日本国憲法の第8章に地方自治が定められたこと（地方自治の本旨）にともない、同年末、GHQの指令によって内務省は廃止された。その結果、内務省が担っていた多岐にわたる業務は各省庁に分任され、現在では主として、下記のように担任されている。

・地方行政部門は各都道府県、および自治省からその後身の総務省に
・警察部門は国家公安委員会・警察庁に
・土木部門は建設省を経て国土交通省に

・衛生社会部門は大東亜戦争中に分離した厚生省（およびのちに厚生省より独立した労働省）、その後身の厚生労働省に
・国民保護に関しては、総務省と消防庁に

なお、防空に関しては、自衛隊が部隊行動及び重要防護施設防護のための防空は担うものの、国民保護の観点からの防空の所管部署は存在しない。

（イ）消防職員

消防職員は、常設消防機関（市町村に設置された消防本部および消防署）に勤務する専任の職員と市町村における非常設の消防機関である消防団の構成員である消防団員をもって構成されている。

○常設消防機関

市町村における消防体制は、常設消防機関の消防本部および消防署と非常備消防の消防団が併存する市町村と、消防団のみが存する町村がある。常備化市町村の割合は98・3％、非常備化市町村は1・7％となっており、人口の99・96％が常備消防によってカバーされている。

常備の消防職員は、令和2年4月1日現在、16万6、628人（うち女性職員は5、587人）である。

○消防団

消防団員は、他に本業を持ちながら、地域の消防・防災について権限と責任を有する非常勤特別

職の地方公務員である。「自らの地域は自らで守る」という郷土愛護の精神に基づき、地域密着型、要員動員力（常備消防職員の約5倍）、即時対応力の三つの特性を活かしながら消防・防災活動を行っている。

消防団は、全国すべての市町村に設置されており、消防団員数は、令和2年4月1日現在、818、478人（うち女性は2万7、200人）である。

○消防職員の趨勢

現在、常備の消防職員と消防団員を合わせた全消防職員の勢力は、約99万人であり、消防団員数が常備消防職員の約5倍となっている。

しかし近年、消防団員数は一貫して減少の傾向にあり、その分、専業の消防職員の常備配置が進んでいる。

前述の通り、わが国では、過去において、消防団と民間防衛団体の組織を統合した歴史がある。本来、消防団そして民間防衛団体はともに、「自助自立」および「自らの地域は自らで守る」という郷土愛護の精神に立脚しており、その存立理念は基本的に同じである。

消防団の任務は、地域の消防・防災及び救助（救急）・救命である。また、武力攻撃事態等においては、「国民保護法」の規定により、消防には避難住民の誘導等の任務が付与されている。

一方、民間防衛団体の任務は、主要な国際人道法であるジュネーヴ諸条約第1追加議定書、いわゆる「ジュネーヴ民間防衛条約」が定める前掲の15項目である。

明らかに、両組織の任務には多くの共通点があり、消防団が国民保護（文民保護）の人道任務に従事する民間防衛隊の要員として活動することに任務上の問題はなく、むしろ最適任である。

非軍事部門である民間防衛の体制は、全国を隈なく網羅することが必要である。

その点、非常設の消防団は、常設消防組織である消防本部および消防署が存在しない町村にも存在し、全国の市町村を完全にカバーしている。

その規模（令和2年4月1日現在）は、前述の通り、消防団員及び常備の消防職員を合わせて約99万人に上る。有事に、これだけの人的規模を、運用することなく拘置する余裕は、わが国にはなかろう。

また、消防団員は、「自らの地域は自らで守る」という郷土愛護の精神に基づき、三つの特性を活かしながら消防・防災活動に従事しており、一定の教育訓練を受ければ、「民間防衛隊」の要員として十分にその任務を遂行することが可能である。

消防団員は、他に本業を持ちながら、地域の消防・防災について権限と責任を有する非常勤特別職の地方公務員であり、一定の身分及び処遇上の取り扱いを受けている。

消防団を民間防衛隊の要員として編入するに際しては、特段の財政負担を伴わず制度を創設することができ、現下のわが国の逼迫した財政事情においても、その問題を十分克服することが可能である。

以上、同様の存立理念の下に統合した歴史、任務の共通性、全国規模の展開と地域密着性があること等、そして予備自衛官と類似した身分及び処遇上の取り扱いであり特段の財政負担を伴わないことなどを勘案すれば、消防団員を民間防衛隊の要員として編入することは十分可能であり、現下の国情からして極めて有力な選択肢の一つといえる。

ウ　大学生等の活用の可能性

わが国では、平成27（2015）年6月に公職選挙法等の一部が改正され、選挙権年齢が「満20歳以上」から「満18歳以上」に引き下げられた。それに伴い若い世代が政治に参加できるようになり、その社会的義務や責任も大きくなっている。

また、首相の私的諮問機関「教育改革国民会議」が平成12（2000）年末に、小・中・高校で全員に奉仕活動をさせるよう提言した。将来的には18歳以上の青年が様々な分野で一定期間、奉仕活動を行うことも検討が必要だとした。さらに、平成14（2002）年7月の中央教育審議会による「青少年の奉仕活動・体験活動の推進方策等について」の答申を受け、文部科学省は平成14年度以降、各学校に奉仕活動の導入を促す方針を示した。

一方、全国大学生活協同組合連合会の「第55回学生生活実態調査　概要報告」（2020年2月28日）によると、「生きがいがみつからない」が増加し、「社会・政治への関心」も高くない。

このような大学生の意識の背景には、次の中央教育審議会答申が指摘したことが考えられる。

都市化や核家族化・少子化等の進展により、地域の連帯感、人間関係の希薄化が進み、個人が主体的に地域や社会のために活動することが少なくなっている。個人と社会との関わりが薄らぐ中で、青少年の健全育成、地域の医療・福祉、環境保全など社会が直面する様々な課題に適切に対応することが難しくなっている。

そのため、同答申では、初等中等教育段階までの青少年のみならず、18歳以降の青年や勤労者等に至るまで、「奉仕活動・体験活動」を社会全体で推進していくための社会的仕組みの在り方や社会的気運を醸成していくことが必要であると指摘している。

欧米では、従来、このような社会奉仕活動が積極的に推進され、必修化、義務化されている国もある。

今日、国や地域社会の様々な分野で、例えば、青少年の健全育成、地域の福祉・医療、災害・防災への対応、治安の維持、国の防衛、環境保全など解決が求められる大きな問題が生じている。しかしながら、特に災害・防災や国の防衛など、厳しい状況下での迅速かつ機動的な対応や状況に応じた柔軟な対応という点では、いわゆる平常時を基本とする行政の枠組みではおのずと限界があり、東日本大震災等ではその問題点が露呈した。

以上を踏まえれば、選挙権を持った満18歳以上の大学生等に対して、いわゆる「良き市民」「共同体の一員」としての「シチズンシップ教育」を必修化し、地域社会の現場へ出て責任ある活動に参加することを制度化し、もって新しい世紀における日本の再構築・国作りのための若い推進力として活用することは、わが国にとって優先的かつ最重要な課題となっているのである。

第1部第2章では、米国、韓国、台湾そしてスイスの民間防衛に関する事項について紹介したので、以下本稿では、ヨーロッパ主要国の社会奉仕活動の実態について述べることとする。

○フランス

フランスは、1997年に兵役義務（徴兵制）を廃止し、替わりに年に1度フランス軍の歴史や安全保障を学ぶ「国防の日」を設定し、16歳から25歳の男女に参加を義務付けてきた。

2017年の大統領選挙に際し、マクロン大統領は、その公約の一つに、18歳から21歳までに1か月以上の軍事訓練（兵役）への参加義務化を掲げた。しかし、軍事訓練については、軍関係者から人手不足の中での受入は困難との懸念が示されたこともあり見送られた。その代わりに、フランス政府は2018年6月、「普遍的国民役務」（Universal National Service）という国民義務を2018年秋から段階的に導入すると発表した。

普遍的国民役務では、16歳前後の全フランス国民を対象とし、第1段階として、軍や警察、消防等での座学や講習を受ける15日間の合宿と、ボランティアや慈善団体での奉仕活動への15日間の参加が義務付けられる模様である。

さらに第2段階では、国防や安全保障に関する分野での奉仕作業に任意で3か月から6か月間、最長で1年間参加するという内容も掲げている。この奉仕作業には、福祉や伝統的産業でのボランティア活動も含まれる予定であり、実現すれば、2026年には約80万人が対象となる。

普遍的国民役務の創設の背景には、歴史的に移民を大量に抱えるフランスが、昨今国民統合に大きな課題を抱え、テロ等の脅威にも曝されていることがある。今回の決定に対しては、国民の6割が支持しているとの世論調査結果がある

○ドイツ

ドイツには、若者の長期ボランティア活動を政府が支援し、促進するための「奉仕活動制度」がある。これは連邦法に定められた公的な制度であり、「市民参加の特殊な形態」と位置づけられている。

代表的な奉仕活動制度は、社会福祉奉仕活動制度（社会福祉制度）及び環境保護奉仕活動制度（環境保護制度）である。

社会福祉制度は1964年の「社会福祉奉仕活動制度促進法2」施行以来、病院や介護施設、児童保護施設といった社会福祉分野において、環境保護制度は1993年の「環境保護奉仕活動制度促進法3」以来、環境保護団体、農場、自然保護区域といった環境保護分野において実施されてきた。

27歳以下で義務教育を終えた男女は誰でも参加できるが、参加者のほとんどが19～20歳である。彼らの多くは、社会福祉制度と環境保護制度を将来の進路を決めるための機会として活用しており、受入先NGOも若い人材が活動することを歓迎している。これら制度の枠組みは連邦法によるものだが実際に運営しているのはNGOであり、政府が過度に干渉することなく市民参加を支援している成功例として高い評価を受けてきた。

ドイツは、徴兵制を採用していたが、2002年に、この奉仕活動制度をさらに拡充する目的で社会福祉・環境保護奉仕活動制度促進法の大幅な改正が行われ、それにともなって民間役務法5に14c条が追加された。

民間役務とは、兵役を拒否した若者が軍隊における任務の代わりに福祉施設などにおける活動を義務付けられるもので、自発性を前提とする社会福祉・環境保護奉仕活動制度とは全く異なるものである。しかし14c条は兵役拒否者が奉仕活動制度に参加することを民間役務の代わりとして認めるという規定である。

このように、ドイツでは、兵役義務と奉仕活動という異なる二つの制度を結び付けようとする試みが行われた。

なお、ドイツは、2011年4月に成立した改正軍事法により、同年7月に徴兵制の運用が停止され、代わって新しい志願兵制が導入された（本項は、渡部聡子「ドイツの奉仕活動制度―民間役務法14c条追加をめぐる議論を中心に―」http://www.desk.c.u-tokyo.ac.jp/download/es_8_Watanabe.pdf（as of June 4.

2020）を基に筆者補正）。

○イギリス

イギリスにはチャリティー（慈善活動）の長い歴史があり、それを背景とした社会奉仕活動（Community Service）の先進国でもある。

個人のボランティア活動振興に関する法的根拠はないが、中等教育課程では、シチズンシップ教育（Citizenship Education）が義務化され、その一環としてボランティア活動をカリキュラムに取り入れる学校がある。

大学等高等教育機関の学生を対象として制度化されたものはないが、各大学で独自に社会奉仕活動を実施している。また、大学入学資格を得た者に、入学を1年遅らせて社会的な見聞を広めるための猶予期間（ギャップイヤー）が与えられる民間主導の社会奉仕制度もある。

もともと、イギリスは、民間防衛の発祥地でもある。

民間防衛は、第1次世界大戦の際にイギリスで民間人を動員して小規模な市民救護活動が行われたことから始まったとされ、第2次世界大戦では戦略爆撃などで民間人の被害も大きくなり、各国ともイギリスに倣い、民間人を動員して救護活動を行うことが一般化した。

第2次世界大戦中のイギリスでは、ホーム・ガード（Home Guard）と呼ばれた民兵組織が編成された。ナチス・ドイツによる本土侵攻に備えて、17歳から65歳までの男性の義勇兵により組織され、総兵力は150万人と公称した。編成当初は、地域防衛義勇隊（Local Defence Volunteers, LDV）と呼ばれた。

第2次世界大戦期のイギリスでは、ホーム・ガード以外にも、女性本土防衛隊（Women's Home Defence, WHD）や王立観測隊（Royal Observer Corps, ROC）のような民兵組織が作られた。

イギリス政府は、第2次世界大戦終結後に、それまでの民間防衛法を一時的に停止させた。1954年の新法により従来の法律への補足として、軍隊の構成員に対して民間防衛を指導することを義務付けた。1986年には平時市民保護法が制定され、地方自治体は、民間防衛として外国勢力の攻撃以外の緊急事態・災害などでも被害防止・救済のために、自治体の資源を動員できるようになった。2004年にテロ、ミサイル攻撃、自然災害、伝染病など多様な緊急事態に対する包括的な民間防衛の枠組構築を目的とした民間緊急事態法が制定された。

このように、各国の社会奉仕活動の有様は、それぞれの戦略環境、歴史・文化、国民性、政治状況などの要因によって異なるが、いずれの国も国作りを進めるに当たり、若い世代の力を積極的に活用するとともに、公助の精神を教育するよう努めている。

わが国の大学生数の推移をみると、一世代前の1950年は約32万人であった。その後、大学生数は増加を続け、1979年には約185万人となった。1986年までは横ばいで推移し、1987年頃から急速な増加に転じ、2000年代に入ると約270万人となった。2015年頃から

（人）	平成27年（2015）	平成28年（2016）	平成29年（2017）	平成30年（2018）
① 高等専門学校	54,391	54,553	54,358	54,203
② 短期大学（本科）	127,836	124,374	119,728	114,774
③ 大学（学部）	2,556,062	2,567,030	2,582,670	2,599,684
④ 大学院（研究科）	249,474	249,588	250,891	254,013
③＋④	2,805,536	2,816,618	2,833,561	2,853,697

はゆるやかに増加し続け、２０１９年に過去最多の約２９０万人を記録した。

大学進学率が上がっていることや、女性の学生数が急増していることなどを反映しているが、今後は、少子高齢化の影響で、緩やかな減少局面に入ると予測されている。

上記表は、文部科学省「学校基本調査（高等教育機関）」による「全国の大学等の学生数」である。

これを都道府県ごとの学生数でみると、最高は東京都の７、３００、８２５人、最低は島根県の７、３３３人となっている（文部科学省「学校基本調査」（平成24年））。つまり、全国の大学生数は約２９０万人に及び、すべての都道府県に約８千人以上の大学生がおり、地域社会を支え、発展させる大きな潜在力として期待される。

そこで、大学生等の民間防衛隊（兼地域防災組織）への参加の態様について、さらに検討してみたい。検討の前提として、満18歳以上の高等教育履修者について確認してみる。

日本の高等教育制度（標準）は、上記図表の通りであり、本検討では、選挙権を有する満18歳以上の高等教育履修者、すなわち、高等専門学校、短期大学、

	中等教育（15～17歳）	高等教育（18歳以上）	備　　考
高等専門学校（本科）	3年 対象外	2年	• 商船学科は5年6か月 • 2年課程の専攻科あり
短期大学（本科）		2～3年	1年以上課程の専攻科あり
大学（本科）		4年	
大学院（研究科）		4年 ＋2～3年	• 修士課程：2年 • 博士課程：3年

大学・大学院を履修する学生を対象とする。

大学（大学院を含む）、短期大学、高等専門学校（以下「大学等」）などにおいては、社会奉仕活動・実習活動を必修科目としてカリキュラムに取り入れる。

大学等の必修科目には、青少年の健全育成、地域の福祉・医療、災害・防災への対応、国の防衛、環境保全などを設け、選択制とする。

実習活動に当たっては、青少年団体、地域の社会福祉協議会、地元自治体（消防等）、国の機関（自衛隊等）、環境保護団体などと緊密に連携し、支援協力を得る。また、実習活動の時期は、サマーキャンプなど長期休暇を利用して集中的に行うものとする。

実習活動の間、大学等は、学生の社会奉仕活動等に関する情報収集・提供、相談窓口の開設など、学生に対する支援体制を整備するものとする。

その際、特に、災害・防災への対応と国の防衛を選択する者については、国・地方自治体が創設する民間防衛隊への参加を促すこととする。

民間防衛隊に参加した学生が招集される場合、参加学生に対しては、参加することによって生涯経歴や処遇などに不利益をもたらさないよう、また、事故等に遭遇した場合の身分保障を確実に担保するなど、国及び地方自治体が魅力ある制度を整備しなければならない。

〈外国から侵略された場合の態度〉

回　答	割　合	人口換算
自衛隊に参加して戦う（自衛隊に志願して、自衛官となって戦う）	5.9%	約748万人
何らかの方法で自衛隊を支援する（自衛隊に志願しないものの、自衛隊の行う作戦などを支援する）	54.6%	約6,918万人
ゲリラ的な抵抗をする（自衛隊には志願や支援しないものの、武力を用いた行動をする）	1.9%	約241万人
武力によらない抵抗をする（侵略した外国に対して不服従の態度を取り、協力しない）	19.6%	約2,483万人
一切抵抗しない（侵略した外国の指示に服従し、協力する）	6.6%	約836万人
わからない	10.6%	約1,343万人

〈分析〉

「何らかの方法で自衛隊を支援する（自衛隊に志願しないものの、自衛隊の行う作戦などを支援する）」と答えた者の割合は男性で、「武力によらない抵抗をする（侵略した外国に対して不服従の態度を取り、協力しない）」と答えた者の割合は女性で、それぞれ高くなっている。

年齢別に見ると、「武力によらない抵抗をする（侵略した外国に対して不服従の態度を取り、協力しない）」と答えた者の割合は50歳代で高くなっている。

〈備考〉人口換算は、平成29年の日本の総人口を約１億2,670万人として算定

招集期間に履修予定の大学等の単位については、教育効果を上げたものとして大学等が積極的に認定し、また、その社会貢献を就職に際して高く評価する制度創設も有益な案であろう。さらには、返還不要の奨学金制度の設置も、検討に値しよう。

エ　一般国民からの公募の可能性

内閣府の平成29年度「自衛隊・防衛問題に関する世論調査」によると、もし日本が外国から侵略された場合、どうするか聞いたところ、上記図表のような回答があった。

なお、本世論調査の調査対象は、①母集団：全国18歳以上の日本国籍を有する者、②標本数：3、000人、③抽出方法：層化2段無作為抽出法で、調査員による個別面接聴取法によって行われたものである。

「自衛隊に参加して戦う」という最も積極的な回答を除くとしても、「何らかの方法で自衛隊を支援する」54・6％、「ゲリラ的な抵抗をする」1・9％、「武力によらない抵抗をする」19・6％を合計すると76・1％となり、人口に換算すると約9、642万人の国民が、いわゆる武力攻撃事態に、国・自衛隊とともに何らかの協力的行動を起こす意志を表明している。

これらの意志は、民間防衛の精神に繋がるものであり、制度が発足すれば、国民による一定程度の任意の民間防衛隊としての活動が期待できる（として参加が得られる）可能性は十分にあると見ることができる。

その際、民間防衛隊には、一般国民が任意かつ自発的に参加することから、その活動を実効性あるものとするためには、リーダーシップやマネージング能力のある退職自衛官や消防官の参加が重要な意味を持つことになる。

4　民間防衛隊を保護する予備自衛官制度の創設

（1）民間防衛隊と自衛隊の部隊・隊員の配置・配属

2022年2月24日早朝、ロシアはウクライナへの武力侵攻を開始した。国際法（ジュネーヴ諸条約及び追加議定書）では、軍事目標主義（軍事行動は軍事目標のみを対象とする）の基本原則を確認し、文民に対する攻撃の禁止、無差別攻撃の禁止、民用物の攻撃の禁止等に関し詳細に規定している。また、病者、難船者、医療組織、医療用輸送手段等の保護は厳重に守られなければならないことを謳っている。

しかし、ウクライナに武力侵攻しているロシア軍は、文民に対する攻撃や民間施設・病院等への攻撃など、いわゆる無差別攻撃を行い、国際法を安易に踏みにじって戦争の悲劇的な現実を見せつけた。

このような事態を想定して、国際法は、民間人およびそれを保護する非武装の民間防衛組織の活動を守るため、自衛のために軽量の個人用武器のみを装備した軍隊の構成員の配置・配属を認めている。

そのため、民間防衛隊には、次頁ジュネーヴ民間防衛条約第67条（「文民保護組織に配属される軍隊の構成員及び部隊」を参照のこと）が正当に認めるところに従い、軍事部隊（自衛隊）及び軍隊の構成員（自衛官）の一部を配置・配属し、その任務に従事させることとする。

その際、部隊および隊員には、状況に応じ、秩序の維持または自衛のための軽量の個人用武器を装備させるものとする。

民間防衛隊は、都道府県知事の指導監督を受けるものとし、必要に応じて各市町村に分派される。

各都道府県知事は、「地方保全局」相互の調整を通じて、民間防衛隊が、各都道府県および各市町村間において広域協力が行える体制を整備する。

ジュネーヴ民間防衛条約第67条「文民保護組織に配属される軍隊の構成員及び部隊」
第1項：文民保護組織に配属される軍隊の構成員及び部隊は、次のことを条件として、尊重され、かつ、保護される。
①要員及び部隊が第61条（文民保護の定義及び適用範囲）に規定する任務のいずれかの遂行に常時充てられ、かつ、専らその遂行に従事すること。
②①に規定する任務の遂行に充てられる要員が紛争の間他のいかなる軍事上の任務も遂行しないこと。
③文民保護の国際的な特殊標章であって適当な大きさのものを明確に表示することにより、要員が他の軍隊の構成員から明瞭（りよう）に区別されることができること及び要員にこの議定書の附属書Ｉ第５章に規定する身分証明書が与えられていること。
④要員及び部隊が秩序の維持又は自衛のために軽量の個人用の武器のみを装備していること。第65条（保護の消滅）３の規定は、この場合についても準用する。
⑤要員が敵対行為に直接参加せず、かつ、その文民保護の任務から逸脱して敵対する紛争当事者に有害な行為を行わず又は行うために使用されないこと。
⑥要員及び部隊が文民保護の任務を自国の領域においてのみ遂行すること。
①及び②に定める条件に従う義務を負う軍隊の構成員が⑤に定める条件を遵守しないことは、禁止する。
第２項：文民保護組織において任務を遂行する軍の要員は、敵対する紛争当事者の権力内に陥ったときは、捕虜とする。そのような軍の要員は、占領地域においては、必要な限り、その文民たる住民の利益のためにのみ文民保護の任務に従事させることができる。ただし、この作業が危険である場合には、そのような軍の要員がその任務を自ら希望するときに限る。
第３項：文民保護組織に配属される部隊の建物並びに主要な設備及び輸送手段は、文民保護の国際的な特殊標章によって明確に表示する。この特殊標章は、適当な大きさのものとする。
第４項：文民保護組織に常時配属され、かつ、専ら文民保護の任務の遂行に従事する部隊の物品及び建物は、敵対する紛争当事者の権力内に陥ったときは、戦争の法規の適用を受ける。そのような物品及び建物については、絶対的な軍事上の必要がある場合を除くほか、文民保護の任務の遂行にとって必要とされる間、文民保護上の使用目的を変更することができない。ただし、文民たる住民の必要に適切に対応するためにあらかじめ措置がとられている場合は、この限りでない。

その際、隣接地域にある民間防衛隊は、それぞれの任務遂行に関連ある事項を適時相互に連絡、通報し、協力するものとする。また、「民間防衛予備自衛官隊」を通じて後方地域の警備に任ずる自衛隊（地区警備隊）と緊密に協力してその任務に従事するものとする。

（2）「民間防衛予備自衛官」の新設と予備役の区分

現行の予備自衛官制度は、①即応予備自衛官、②予備自衛官、③予備自衛官補に区分される。これらの予備自衛官は、平時には、中核要員のみが充足される部隊（コア部隊）への補充、後方支援（兵站）・人事業務等の急拡大に伴う部隊の拡充・新編に当たり、有事には、第一線に展開する常備が不在になった駐屯地・基地の警備・運営、有事の戦死・戦傷病者などの発生に伴う欠員補充、後方地域の警備などに充当される。

しかし、現行の制度においては、特に、後方地域の警備に充当できる予備自衛官は、ほぼ皆無に等しい。全国の後方地域の警備を行うには、大人数の予備自衛官が必要であり、その勢力の確保が不可欠である。

さらに、現行の制度に加え、国家非常事態に際して、民間防衛隊に配置・配属し、文民保護（国民保護）の人道任務に従事させるために④「民間防衛予備自衛官」が新たに必要であり、併せてその勢力を確保しなければならない。

以上のことから、わが国の予備役（予備自衛官）を区分すると、次頁の通り、現行の予備自衛官は

予備役制度の構成（区分）

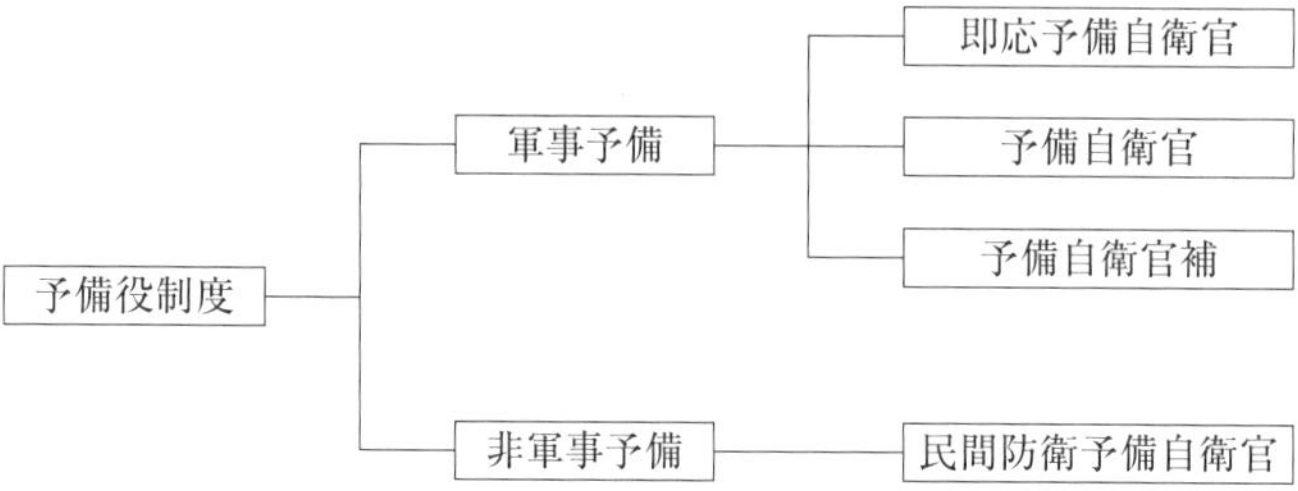

軍事任務に従事するいわば「軍事予備」であり、新設する民間防衛予備自衛官は非軍事任務に従事する「非軍事予備」として分類することができる。

なお、予備自衛官の分類および呼称については、現行の要領を基本的に踏襲しているが、新たな予備自衛官の創設にともない、再検討・整理の余地があろう。

おわりに

第1部第2章で述べたように、米国は、各州および国民の力を結集し社会全体で国を守ろうとする「共同防衛」の強い決意を表明しています。銃の保有権は、建国の歴史である民兵（自警団）の象徴なのです。

韓国は、外敵の浸透・挑発やその脅威に対して、国家防衛の諸組織を統合・運用するための「統合防衛」体制を重視し、中でも郷土予備軍や民防衛隊が大きな役割を果たしています。

台湾は、現代の国防は国全体の国防であり、国家の安全を守るには、全民の力を尽くして国家の安全を守るという目標を達成するため「全民国防」体制を敷いています。

スイスは、「永世中立」政策を国是とし、安全保障は軍民の国防努力いかんによって左右されるとの方針のもと、民間防衛はその両輪の片方となっており、そのため、かつてのスイス政府編『民間防衛』は、次のように国民に問いかけています。

・今日では戦争は全国民と関わりがある。

・軍は、背後の国民の士気がぐらついていては頑張ることができない。軍の防衛線のはるか後方の都市や農村が侵略者の餌食になることもある。どの家族も、防衛に任ずる軍の後方に隠れていれば安全だと感じることはできず、もはや軍だけに頼るわけにはいかない。

・戦争では、精神や心がくじければ、腕力があっても何の役にも立たない。反対に、全国民が、決意を固めた指導者を囲んで団結すれば、だれも彼らを屈服させられない。

・わが祖国は、わが国民が、肉体的にも、知的にも、道徳的にも、充分に愛情を注いで奉仕するだけの価値がある。もしも国民が、自分の国は守るに値いしないという気持ちを持っていたら、国民に対して祖国防衛の決意を要求しても、とても無理なことは明らかである。国防はまず精神の問題である。

・すべての国民は、外国の暴力行為に対して、抵抗する権利を有している。国土を占領した抑圧者に抵抗することは、厳しい努力を必要とする。罪のない人々が無駄に苦しまず、また、無益な血を流さぬために戦わなければならない。

いずれの問いかけも、平和憲法によって外国の横暴に対し抵抗する勇気や気力を喪失した日本・日本人への警鐘として受け止めるべきではないでしょうか。

改めて述べるまでもなく、わが国の国民保護法に基づく国民保護体制は、残念ながら諸外国のように国を挙げた民間防衛体制になっていません。その根本的な問題は、民間防衛である筈の国民保護に国民の責任ある参画を求めていないことにあります。

中国の覇権的拡大や北朝鮮の核ミサイル開発によって、戦後最大の国難に直面している日本にとって、今ほど真の「民間防衛」が求められている時代はありません。真の「民間防衛」が整備されれば、国土防衛に直接寄与することになり、同時に周辺国に対する抑止力にもなりうるのです。すなわち、日本を守るのはすべての国民の共通の責務であるとの意識を持ち、自助、共助の精神を組織的な力に変え、公助と一体化させた民間防衛として発展させることが、正に喫緊の課題なのです。

第3部を中心に、これまで、我が国の特性に応じた民間防衛組織等のあり方について提言してきました。しかしながら、国民の議論を経てその実現に至るには一定の期間がどうしても必要です。一方、我が国を巡る安全保障環境は、年々その激しさを増しており、一刻の猶予もならないのが現実です。

実際、欧州に目を転じてみれば、2022年2月以降のロシア軍の侵攻により、ウクライナ国民がロシア軍によって虐殺とも言えるような被害が大規模に行われている現実をみて、我々はその教訓をただちに活かさなければなりません。

その現実の中で、真の「民間防衛」制度の構築に向けて一刻でも早く共に進んで行くことが、我々に課せられた今後の大きな課題であると確信します。

最後に執筆者一同、明日の日本の民間防衛体制を整備することを目指して引き続き努力することをお約束するとともに、読者の皆様のお力添えにより真の「民間防衛」に対する理解が広く国民の間に拡がりますことを念願しつつ、以上をもって擱筆します。

参考資料

〈解説〉

「日本の国民保護法を理解しよう」

付録「国民保護法の条文概要」

〈巻末資料〉

「旧軍の予備役制度」

〈主要参考文献〉

第1部　諸外国の民間防衛を知ろう

・武田康裕「国民保護をめぐる課題と対策」（防衛大学校先端学術推進機構グローバルセキュリティセンター、2018年8月）

・武力攻撃事態等における国民の保護のための措置に関する法律、平成十六年法律第百十二号、附則（平成三〇年六月二七日法律第六七号)。
・武力攻撃事態等における国民の保護のための措置に関する法律施行令、平成十六年政令第二百七十五号、附則(平成三〇年一一月二一日政令第三二九号)。
・災害対策基本法、昭和三十六年法律第二百二十三号、附則(平成三〇年六月二十七日法律第六六号)。
・日本郷友連盟・偕行社共同プロジェクト『「国防なき憲法」への警告』(内外出版株式会社、平成27年)
・『アメリカ合衆国憲法』(AMERICAN CENTER JAPAN)
https://americancenterjapan.com/aboutusa/laws/2566/ (as of February 12, 2020)
・「米国の統治の仕組み」(AMERICAN CENTER JAPAN)
https://americancenterjapan.com/aboutusa/laws/2566/ (as of February 13, 2020)
・「州兵」(ブリタニカ国際大百科事典、小項目事典ブリタニカ国際大百科事典)
・米国国土安全保障省(ＤＨＳ)(１３－０１－０２－１２)－ＡＴＯＭＩＣＡ
https://atomica.jaea.go.jp/data/detail/dat_detail_13-01-02-12.html (as of February 12, 2020)
・「各国の危機管理組織の概要」(「政府の防災・安全保障・危機管理体制の在り方に係る調査」(平成26年3月)
及び各機関ホームページ等より内閣府防災作成)
http://www.bousai.go.jp/kaigirep/kaigou/1/pdf/sankou_siryou3.pdf
(as of February 12, 2020)
・令和元年版『防衛白書』(防衛省)
・郷田豊『世界に学べ!日本の有事法制』(芙蓉書房出版、２００２年)
・令和元年版『防衛白書』(防衛省)
・日本郷友連盟・偕行社共同プロジェクト『「国防なき憲法」への警告』(内外出版株式会社、平成27年)
・「大韓民国憲法」ほか、「兵役法」、「統合防衛法」、「民防衛基本法」、「災難及び安全管理基本法」などの法律
・「徴兵制~韓国の軍隊制度」(ＫＯＮＥＳＴ)

https://www.konest.com/contents/korean_life_detail.html?id=557（as of February 18, 2020）
・水島玲央「韓国の民防衛基本法」
https://www.waseda.jp/folaw/icl/assets/uploads/2017/04/HikakuHougaku_50_3_Mizushima.pdf（as of February 19, 2020）
・高井晉ほか「諸外国の領域警備制度」
http://www.nids.mod.go.jp/publication/kiyo/pdf/bulletin_j3-2_1.pdf（as of February 19, 2020）
・「各国の危機管理組織の概要」（「政府の防災・安全保障・危機管理体制の在り方に係る調査」（平成26年3月）及び各機関ホームページ等より内閣府防災作成）
http://www.bousai.go.jp/kaigirep/kaigou/1/pdf/sankou_siryou3.pdf（as of February 12, 2020）
・郷田豊『世界に学べ！日本の有事法制』（芙蓉書房出版、２００２年）
・「中華民国の憲法」（２０１５年９月１日最終更新）（台北駐日経済文化代表処ホームページ）https://www.roc-taiwan.org/jp_ja/cat/15.html（as of April 2, 2020）
〈台湾の安全保障・国防関連法令〉
・「国防法（National Defense Act））」、「全民国防動員準備法（All-out Defense Mobilization Readiness Act）」、「全民国防教育法（All-out Defense Education Act）」、「防災・災害対策法（Disaster Prevention and Protection Act）」、「民間防衛法（Civil Defense Act）」（中華民国（台湾）行政院内務部「法律と規則」及び全國法規資料庫）
中華民国（台湾）行政院内務部「法律と規則」（Ministry of the Interior, Republic of China（Taiwan）, Lows And Regulations）；
https://www.moi.gov.tw/english/english_law/law.aspx（as of April 2, 2020）
全國法規資料庫（Lows & Regulations Database of The Republic of China）;
https://law.moj.gov.tw/ENG/LawClass/LawAll.aspx?pcode=F0010030（as of April 2, 2020）

・令和元年版『防衛白書』（防衛省）
・岩本由起子「『3つの国防法』から台湾の安全保障を見る」（日本安全保障戦略研究所部内研究発表資料）
・スイス政府編「あらゆる危険から身をまもる　民間防衛」（原書房、2019年）
・森田安一著『物語スイスの歴史』（中公新書、2000年）
・森田安一編『スイス・ベネルクス史』世界各国史14（山川出版社、1998年）
・美根慶樹著『スイス　歴史が生んだ異色の憲法』（ミネルヴァ書房、2003年）
・濱口和久他「日本版　民間防衛」（青林堂、2018年）
・参議院・重要事項調査議員団（第一斑）報告書「スイス連邦」（平成16年）
https://www.sangiin.go.jp/japanese/kokusai_kankei/jyuyoujikou/h16/h161houkoku.html
(as of March 21, 2021)

第2部　日本の「民間防衛」のあり方

・武田康裕「国民保護をめぐる課題と対策」（防衛大学校先端学術推進機構グローバルセキュリティセンター、2018年8月）
・内閣官房、内閣府、外務省、防衛省「『平和安全法制』の概要」
http://www.cas.go.jp/jp/houan/150515_1/siryou1.pdf（as of 2020.4.24）
・内閣官房　国民保護ポータルサイト。
http://www.kokuminhogo.go.jp（as of 2020.4.24）
・「有事から国民を守る―自治体と国民保護法制―」国民保護法制運用研究会、東京法令出版、2004年3月。
・武田康裕「国民保護をめぐる課題と対策」（防衛大学校先端学術推進機構グローバルセキュリティセンター、2018年8月）
・安全保障戦略研究所編著「近未来戦を決する『マルチドメイン作戦』」（国書刊行会、2020年7月20日発行）

・スイス政府編『民間防衛』（１９９５年、原書房）
・ルパート・スミス「軍事力の効用」（原書房、２０１４年）
・濱口和久他「日本版　民間防衛」（青林堂、２０１８年）

第3部　民間防衛組織創設についての提言
・熊谷直『帝国陸海軍の基礎知識―日本の軍隊徹底研究―』（光文社NF文庫、２０１４年）
・樋口恒晴「〝郷土防衛隊〟構想の消長」（政教研紀要第22号別冊、平成10年1月31日発行）
https://www.fdma.go.jp/relocation/syobodan/data/historry/index.html（as of March 18, 2020）
・ＷＨＯ「世界保健統計」２０１２年版
・英国・国際戦略研究所（ＩＩＳＳ）「現役軍人数国別ランキング（２０１２年）」
・令和元年版『防衛白書』（防衛省）
・陸上自衛隊「予備自衛官等制度」
https://www.mod.go.jp/gsdf/reserve/（as of March 6, 2020）
・陸上自衛隊「予備自衛官制度60年のあゆみ」https://www.mod.go.jp/gsdf/reserve/yobiji/ayumi.html（as of March 6, 2020）
・郷田豊『世界に学べ！日本の有事法制』（芙蓉書房出版、２００２年）
・「消防団の歴史」（総務省消防庁）

《解　説》

日本の国民保護法を理解しよう

本解説だけで、国民保護法を理解できるとともに、改善点も把握できる。

平成16年に制定された「武力攻撃事態等における国民の保護のための措置に関する法律」（以下「国民保護法」という）について正しい理解ができるように紹介する。

国民保護法は、武力攻撃事態等において、国民の生命、身体及び財産の保護を図ることを目的として作られた唯一の法律であり、その目的に照らせば必要な要素を完備し隙のない法律と言えるかもしれない。しかしながら、武力侵攻事態以外の国家的な危機に関しては、大規模災害、原子力災害に対処する法律が個別に制定されていることから、国家非常事態に共通する基本法の制定が是非とも望まれるところである。また、国民保護法における国民は、一方的に保護される立場であり、主権者として自らを含む国民同胞を守るための活動に主体的に参加することについては何ら記されていないなど、今後検討すべき本質的な課題を内包している。

以下、そうした課題とそれをいかに克服していくかについて考えてみたい。なお、「国民保護法の条文概要」を付録として巻末に掲載しているので、それを参考にしつつ読み進めていただきたい。

第1章　国民保護法と国民の安全

第1節　公共財としての「安全」と国民保護

1　国民の安全に不可欠な三つの「防」

公共財としての安全は三つの「防」からなっている。防犯、防災、防衛がそれに当たる。ただし、「安全」が公共財として意識され始めたのは、歴史的に古い話ではない。それまで日本人は「水と安全はタダ」との認識が強く、安全の維持にコストが必要との認識はほとんどなかった。

まず、「防犯」についてみれば、世界有数の大都会たる東京の治安の良さは国際社会でもよく知られているが、それを貴重な「財産」として受け止める国民は多くはない。

ちなみに一般国民が主観的に感じる「体感治安」は別として、統計上の客観的な数字が定量的に示される「指数治安」(刑法犯の認知件数や検挙率など)は著しい改善を見せ、刑法犯の認知件数については2004年をピークに、現在まで年5%前後で確実に減少し続けている。つまり防犯のための法整備及び対策は、着実に成果を上げている。

「防災」については、伊勢湾台風(1959年)を契機として制定された災害対策基本法(1961年)をはじめ災害救助法(1947年)、大規模地震対策特別措置法(1978年)及び原子力災害対策特別措置法(1999年)など関係法令の整備が進んだ。また護岸工事や防波堤などのインフラ整備、建物の耐震建築化等が進み、さらには緊急の救助体制などの構築や防災教育の徹底なども見直され、全国で総合的に整備されてきた。近年の巨大な複合災害は、それらの備えをさらに上回る被害をもたらしているが、ハードとソフトの両面で着実に進歩を遂げてきたことは周知の事実である。

一方、「防衛」は、わが国の独立と安全を維持し、その存立を全うするとともに、国民の生命と財産を守る国家としての最重要な責務であるが、戦後長い間、最も疎かにされてきた分野である。

今から21年前の2001年9月11日に発生した米国同時多発テロなど国際安全保障環境の激変の中で、同年12月22日に発生した日本近海での北朝鮮の工作船とみられる不審船事件などを経て、2002年4月、武力攻撃事態安全確保法(「武力攻撃事態等における我が国の平和と独立並びに国及び国民の安全の確保に関する法律」、以下「事態対処法」)を含む有事関連3法案が国会に提出され、翌2003年

6月に成立した。

事態対処法の審議の過程で国民保護の分野にも目が向けられ、ほぼ一年を経過した2004年6月、国民保護法（「武力攻撃事態における国民の保護のための措置に関する法律」）が成立した。同法の成立に伴い、同年9月に国民保護措置を実施する指定公共機関160法人が閣議決定され、同法は2004年9月17日から施行された。

国民保護法の可決に際しては衆議院で与野党のほぼ90％、参議院では同84％が賛成したが、この分野の法律は、従来必ず与野党対決法案の様相を呈していたことを思うとき、まさに画期的であり隔世の感がある。

国民保護法には、武力攻撃事態及び武力攻撃事態に準ずる大規模テロ等の緊急対処事態において、国民の生命、身体及び財産を保護し、国民生活などに及ぼす影響を局限化するための国や地方公共団体などの責務、住民の避難、救援、武力攻撃災害への対処などの措置が規定されている。

しかし国民の協力に関する義務化を回避するなど、武力攻撃事態や緊急対処事態に果たして実効性が担保されるかなど多くの課題も指摘されており、後に詳論する。

column

緊急対処事態とは

武力攻撃の手段に準じる手段を用いて多数の人を殺傷する行為が発生した事態又は当該行為が発生する明白な危険が切迫していると認められるに至った事態で、大規模テロなどの準武力攻撃事態に国家として緊急に対処することが必要なものをいう。

〈出典〉内閣官房「国民保護ポータルサイト」を一部筆者補正

2 自然災害法制と国民保護法制

両法制に共通する特質として、適用される事態が特定の地域から発生し隣接地域に拡大する場合やある程度の広域に同時に危険が迫っている場合が想定されていることから、原則として、当該地域における地方公共団体の機能の健在を前提とした法の組み立てになっている点が挙げられる。

ところが東日本大震災の際に見られたように、自然災害法制には地方公共団体が機能不全に陥った場合の想定がなされていない。災害支援の在り方にしても、長期にわたって「プル型」を原則とし、被災した地方公共団体からの支援要請を待って具体的支援を実施する態勢を続けてきた。しかし東日本大震災では、地方公共団体の首長をはじめ、同職員や警察・消防組織とその人員、自主防災組織などの協力団体に至るまでが同時に被災し、広範囲な地域が想定外の壊滅的な被害を受けた。まさに支援要請自体を発することのできない状況だったのである。

現在は、被災した規模に応じて地方公共団体の支援要請を待たずに「プッシュ型」と呼ばれる支援体制を構築し、水や食料といった基本的な支援物資を即座に被災地域に搬送する体制を組む姿勢が基本となっている。しかしながら、原則として地方公共団体の組織がフル稼働し、首長が陣頭指揮をして事態対応に当たる法の構造自体は、基本的に変わっていない。

column

プル型とプッシュ型（定義）

プル型	支援物資のニーズ情報が十分に得られる被災地へ、ニーズに応じて物資を供給する通常の物資支援の場合の輸送方法
プッシュ型	支援物資のニーズ情報が十分に得られない被災地へ、ニーズ予測に基づき緊急に物資を供給する場合の輸送方法

〈出典〉国土交通省国土交通政策研究所「支援物資のロジスティクスに関する調査研究」

また自然災害法制では、事務の性格としては「自治事務」に分類され、災害への対応主体も市町村が中心であり、国及び都道府県はあくまで市町村を補完する役割である。したがって費用についても第一義的には市町村が負担し、都道府県及び国はそれを補完することになる。

災害対応が市町村中心主義であることから、災害対策本部に関しても市町村独自の判断で設置することを原則とし、被災現場の状況に応じて効果的かつ効率的な場所に設けられる。

他方、国民保護法制では、適用対象となる武力攻撃や大規模テロ等を含む緊急対処事態が悪意のある人為災害であることから、放置すれば更なる被害の拡大が想定されている。

また自然災害とは異なり、武力攻撃等は時間の経過による自然終息等が見込めないこと、そして初期段階の状況は、何が生起しているか外形上は不明なことも多く、かつ発災に関する詳細な情報は国の機関に集約されている場合が多いことなどから、対応する主体としては国が大きく関わり、都道府県を通じて市町村に正確な情報を伝達する体制が組まれている。したがって一切の事務は「法定受託事務」に分類され、関連する費用についても、訓練費用を含めて国の負担としているほか、対策本部についても国の指定による設置が求められている。

column

「自治事務」と「法定受託事務」

自治事務	・地方公共団体の処理する事務のうち、法定受託事務を除いたもの。 ・法律・政令により事務処理が義務付けられるものと法律・政令に基づかずに任意で行うものいずれもある。 ・原則として、国の関与は是正の要求まで。
法定受託事務	・国が本来果たすべき役割に係る事務であって、国においてその適正な処理を特に確保する必要があるものとして、法律又はこれに基づく政令に特に定めるもの。 ・必ず法律・政令により事務処理が義務付けられる。 ・是正の指示、代執行等、国の強い関与が認められている。

〈出典〉 https://www.soumu.go.jp/main_content/000045550.pdf
(as of January 4th, 2021)

一方、国民保護に関する行動については、被災現場を包含する都道府県の役割が大きく、警報の通知や緊急通報の発令、避難の指示や避難住民の誘導・救援措置、さらには武力攻撃災害への対処措置等に主導的任務を果たすことが想定され、広域な対応を前提としている。都道府県は、原則として国からの指示を受けてそれらの任務を実施するが、緊急時には、国からの指示を待たずに首長独自の判断で上記の行動を取ることができる。

いずれにせよ、国民の安全に責務を有する国と同様、地域住民の安全確保を最大の使命とする地方公共団体、警察、消防その他の協力体制を組む各種団体は、自然災害若しくは人為災害を問わず、各組織の役割を通じて被害を局限化し、一日も早い復旧・復興に繋げるべく最大の努力を傾注することが求められる。

第2節　国民保護法制定の背景と経緯

1　立法の背景――大戦の教訓と国民保護

国民保護の発想は、その国の人権保障の成熟度が大きな影響を与えている。第二次大戦中の日本では、現在と比較して、住民避難や救援に対する国の責任意識が必ずしも十分であったとは言えない。例えば大戦時に唯一の悲惨な地上戦が展開された沖縄では、軍人よりも住民の戦死者の方が多く、約3か月に及ぶ戦闘中に10万人以上の住民が犠牲になったと言われている。学童疎開船「対馬丸」による県外疎開や安全と思われた第32軍司令部があった首里以南の南部地域へ多くの住民避難などが行われたが、結果的に戦闘に巻き込まれ、政府・軍・地方自治体としての統一的かつ戦況を予測した「避難や救援」の在り方に大きな禍根を残した。

ところが戦後の日本では、新憲法制定による人権規定が整備される一方で、緊急事態における法制が構築されることはなかった。多少でも人権の制約につながるような法整備に対し、当時の国民は強いアレルギーを示したのである。その後、憲法に緊急事態条項を欠いたまま、戦争放棄条項の存在によってこそ平和が保障されるかのような「9条神話」が生まれた。加えて日米安保条約と米国駐留軍の存在が日本の安全に責任を持っているかのような「米軍神話」も生まれ、自国の防衛や自国民の安全確保に、日本国民自身がどの程度真剣に取り組んできたのかは、はなはだ疑わしい。

戦前戦中の状況を過剰なまでの反面教師とする一方で、日本周辺の安全保障環境の変化に対して多くの国民が無関心であり、自国の緊急事態における国民保護の発想は、戦争準備の一環であるとのプロパガンダに利用されこそすれ、国民の生命・財産の保障という観点から論じられることはなかったのである。つまり日本自身が好戦的でなければ、「平和を愛する諸国民」（憲法前文）が日本に挑発的な行動などを仕掛けることはない、との無邪気な発想が支配的であった。

この状況を一変させたのが、2001年9月11日に発生した米国同時多発テロであった。仮に当該事案が日本で発生していた場合、いかなる法的根拠の下で、どのような対処が行われるのか、また事前の警報や情報提供を誰が、どのような内容について、いつ判断し、いかなる方法で国民に伝達するのか、具体的な法整備は皆無であった。

しかし、それ以前にも1995年3月に発生した地下鉄サリン事件をはじめ、日本周辺海域で続発していた武装不審船事案、北朝鮮の核・ミサイル開発の進行や弾道ミサイル発射事案の頻発など、日本が国家としての新たな危機に備えるべき事案には事欠かなかった。

加えて中国の軍拡や海洋進出、尖閣諸島への露骨な触手など、国防上の懸案が数多く浮上する中で、国家の緊急事態に対処する体制の整備が喫緊の課題となっていた。つまり、緊急事態における国民保護の問題も、合わせて法整備を急ぐ必要性を増していたのである。

2　国民保護と専守防衛

国家の独立と安全、国民の生命と財産の保護は、近代国家の最大の使命である。この基本認識は誰もが共有しているものの、防衛政策にとって車の両輪として不可欠な国民保護政策は、戦後長い間、防犯や防災の分野に比較して、ほとんど整備が進んでいなかった事実は前述した。

例えば、日本の防衛政策の基本姿勢に「専守防衛」がある。そのまま理解すれば、防衛行動は日本の領域内及びその周辺に限られ、少なくとも外国領域での行動は現に慎むとの姿勢である。これは「防衛上の必要からも、相手の基地を攻撃することなく、もっぱら、わが国土及びその周辺において防衛を行うこと」（1972年10月31日、衆議院本会議における田中角栄首相の答弁）との政府理解からも伺うことができる。つまり日本領域内が戦場になるのである。

そうなれば、日本領域すなわち海には経済活動を行う各種の船舶が遊弋し、空には国内外に向けた航空機が飛行している。特に陸は、全国的に人口過密な状況の中で国民生活が営まれており、緊急事態の発生に際して住民避難をいかに迅速に行うかは、当時から重要な課題であったはずである。すなわち防衛行動を日本のいかなる領域で展開するにせよ、まず地域住民の避難が終わらない状況では大きな制約を受けるからである。自衛隊の各種の戦闘訓練も、「住民の避難は完了した」との前提から開始されるのが常であった。

住民に危険を知らせる警報、避難指示、誘導、救援等々については、誰が、いつの時点で、どのような方法で行うか—等々の問題は、戦後長期にわたって放置されたままであった。国家の無責任ともいえるこの状態の中で緊急事態が発生した場合には、栗栖弘臣統合幕僚会議議長（当時）が指摘した超法規的措置で対応する以外、方法がなかったのである。

ちなみに「専守防衛」は、1970年に第1号が刊行された『防衛白書』に用いられ、その後定着した用語であり、本来は、この時点で国民保護に関する法律が制定されているべきであった。つまり専守防衛と国民保護は、車の両輪の関係だからである。

防犯・防災と防衛に関する法整備上の進捗格差や緊急事態における国民の避難等に関する規定の欠如に直接気付かせたのは、前述の9・11米国同時多発テロ事件（2001年）であった。同種の事案が日本で発生した場合及び発生する恐れがある場合に、日本国民の安全を確保するために取りうる手段の検討が急務となり、緊急事態法制の整備に関する国会論議を後押しした。このような情勢の中で、政府は「武力攻撃事態対処関連法」を国会に提出し、2003年6月6日に成立した。そして同法成立時の付帯決議で、1年以内に国民保護のための法整備を目指すことを掲げ、その結果、翌2004年6月14日、「国民保護法」が成立した。

当初は上記の2法がセットで制定される予定であったが、結果として親法としての武力攻撃事態等安全確保法成立の1年後に子法としての国民保護法の制定となった。しかし、この1年間に、各現場となる地方公共団体からの各種意見が表明され、それを反映する形で同法の制定に至ったことは、国と地方公共団体の緊密な連携や相互理解を進める上で、結果的に有効な時間であったと言える。

3 国民保護法の制定経緯

国民保護は、それに関わる具体的活動が地方公共団体主導となることから、政府は現場の責任者としての地方公共団体の首長の各種意見を重要視し、全国知事会、全国市長会や全国町村長会、さらには民間関係機関の代表者や学識経験者等と意見交換を重ねた。その席上示された主な意見としては国・地方公共団体の役割分担の明確化、都道府県知事の権限強化、国民保護のための自衛隊派遣、NBC等による武力攻撃災害に対する国の対処、生活関連等施設の安全確保、基本的人権への配慮、武力攻撃に準じたテロへの対応、放送事業者の報道の自由確保、基本指針による武力攻撃事態の想定の明確化など多岐に及んだが、これらの要望の多くが条文に具体的に反映されることとなった。これは本来、地方公共団体に関わる各種行政法規のあるべき姿であり、その意味では理想的な制定経緯でもあった。

この経緯を受けた具体的条文としては、現行国民保護法第1章「総則」に規定されているが、この他に武力攻撃事態に至る前の大規模テロなど準武力攻撃事態の発生の蓋然性の高さから第8章「緊急対処事態に対処するための措置」が設けられ、第172〜183条が追加された。すなわち国・地方公共団体の責務（第172条）、国民の協力等（第173条）、基本的人権の尊重（第174条）、国民の権利利益の迅速な救済（第175条）等である。この内容は、同法第1章「総則」中の第1節「通則」にも同様に規定されているが、緊急対処事態への対応に際しても、その重要性に鑑み改めて盛り込まれたものである。

緊急対処事態の概念は、親法たる武力攻撃事態対処法にも対応する条文が加筆されることとなった。すなわち第3章「緊急対処事態その他の緊急事態への対処のための措置」として、同法に第21〜24条が追加されたのである。子法への新たな概念の追加によって親法を修正した稀な事例となった。

第2章

国民保護法の概要と解説
——国民保護法には何が書かれているのか

国民保護法の概要を提示しながら、解説を加えたい。なお、付録「国民保護法の条文概要」を併せ参照されたい。

第1節　総則（第1章：第1～43条）

1　基本理念と構成

現行の国民保護法は、全体として10章194か条及び附則から構成され、第1章「総則」（第1～43条）では、当該法の目的及び基本理念が規定されている。

まず目的として、想定された武力攻撃等から国民の生命、身体及び財産を保護するため、国や地方公共団体の責務、国民の協力、住民の避難及び救援等のための措置を定め、国全体として万全の態勢を整備し、国民保護措置を的確かつ迅速に実施することが規定されている。

次に国民保護法に使用される用語の定義について規定する。その内、親法である事態対処法上の用語と同義のものとして「武力攻撃事態等」、「武力攻撃」、「武力攻撃事態」のほか、各行政機関及び各公共機関に加え、「対処基本方針」、「対策本部」、「対策本部長」が挙げられている。その上で国民保護法に特に定められた「指定地方公共機関」などは、改めてその定義が規定されている。

column

指定地方公共機関とは

都道府県区域内の公益的事業（電気、ガス、輸送、通信、医療など）を営む法人、地方道路公社、公共的施設を管理する法人、地方独立行政法人等で、あらかじめ当該法人の意見を聴いて当該知事が指定するものをいう。

〈根拠〉国民保護法第2条

さらに国民保護措置としては、具体的に警報の発令、避難の指示、避難住民等の救援、消防等に関する措置から施設及び設備の応急の復旧、保健衛生や社会秩序の維持、運送や通信、国民生活の安定、被害の復旧等に関する措置が提示されている。

また国や地方公共団体等の責務についても規定されている。武力攻撃事態等における各々の役割分担をあらかじめ明記することによって、緊急事態における混乱を回避し、スムースな対処措置を可能とするための配慮である。

2　災害対策基本法の枠組み踏襲

国民保護法の全体の構成は、災害対策基本法の枠組みを踏襲したものであり、第1章「総則」以降第10章の「罰則」に至るまで、当該法の形式を貫いているが、一部の原則については、国民保護法独自の形式を採用している。

災害対策基本法の特徴の一つは、防災システムにおける市町村中心主義である。すなわち自然災害の発生に伴う対応を最初に担うのは、その現場を管轄する市町村であり、人命救助に当たるのは当該市町村消防である。そして災害の規模に応じて、当該市町村が属する都道府県や国が乗り出すボトムアップ型の法的枠組みを採用している。

他方、国民保護法は都道府県中心主義を採用し、かつ首相の指示によるトップダウン型の法的枠組みを想定している。理由は、国民保護措置を必要とする武力攻撃事態や大規模テロ等の緊急対処事態に関して、最初に情報を把握するのは国の情報機関である可能性が高く、それを分析して混乱なく一元的に地方公共団体に指示・伝達した方が合理的で、かつ効果的な対応が期待できるからである。

ただし事態の性質によっては、情報収集中の突発的な緊急事態の勃発など、国による情報伝達や指示前の具体的事案の発生もあり得ることから、ボトムアップ情報とトップダウン情報とが混在する事態も想定される。したがって平時における国からの「指示待ち」姿勢を転換し、場合によっては地方公共団体及びその首長の独自の対応を要する場面も考えられよう。

つまり武力攻撃災害の発生が、対策本部長（内閣総理大臣）による警報の発令とほぼ同時であることも十分にあり得ることになる。したがって発生事案に対応する措置が、国と地方公共団体において同時に、又は複数機関で一斉に展開される必要もあることから、その際の役割分担が国民保護法の大きな整備目的でもあった。

そもそも自衛隊の第一かつ最大の任務は、不法な武力集団による侵害を実力で排除することにあり、地方公共団体が、消防及び警察並びに海上保安庁など関係機関と連携協力して地域住民の保護にあたることになる。その際、殊の外重要なのは、国民保護措置に係る地方公共団体の首長の判断能力及び決断力である。それが当該地域住民の安全や命運を左右するほど影響が大きく、初動対応の重要性が指摘されている。

3　国民の協力

諸外国における緊急事態に際しての国民の協力は、ほとんど法律上義務化されているのが通例である。しかし国民保護法第4条（国民の協力等）では、「国民は、（中略）必要な協力をするよう努める」こととし、その協力分野も住民避難や被災者救援の援助など4分野に限定され、この協力も「国民の自発的な意思にゆだねられ」、「強制にわたることがあってはならない」とも規定されている。

これら第4条ないし第5条（基本的人権の尊重）、第6条（国民の権利利益の迅速な救済）の一連の規定は、立憲主義を標榜する民主国家としては至極当然の規定で、改めて明記する必要性さえ疑問である。忘れてはならないことは、事態対処法や国民保護法が平時を想定したものではない、という点である。やり直しのきかない、ただ一度の失敗も許されない緊急事態対応にあって、何よりも優先すべきは法の実効性の確保であるにもかかわらず、平時同様のフル規格での人権保障は、諸外国の法制に比較して異様である。

これらの規定には、日本国民に対する過剰なまでの期待と安易な信じ込みとが込められている。

すなわち緊急事態において日本国民は、避難住民の誘導や被災者救助などが必要な際に、法律上の義務が無くても自発的な協力を惜しまないはず、との期待である。しかしながら、そこには諸外国の義務化規定が何を意味するか、いかに捉えるべきかの考察が欠落している。つまり緊急事態の発生に関しては、あらゆる意味で混乱を除去することが最も肝要であり、義務化によって対応の方向性を明確に示すことが不可欠である。混乱や困惑、不統一な行動などによっていたずらに時間を浪費し被害を拡大したのでは、国民保護法制定自体の趣旨を根本から失いかねないからである。決してあってはならないことだが、発生した事態の規模や推移によっては、「国民保護法が一回きりの適用に終わる」事態もあり得ることを忘れてはならない。

4　対象の広域性

国民保護措置を必要とする緊急事態が同時かつ広域に発生した場合、避難措置も広域に及ぶことが想定される。つまり要避難地域と避難先地域が複数県にまたがり、多数の住民が長距離の避難を余儀なくされるからである。自然災害とは異なり特定の意図を持った人為災害は、警戒・警備に配慮しながら隣接県及び周辺県との連携・協力を必要とするほか、複数県にまたがる大量輸送手段の確保も不可欠である。

国民保護法には、複数の知事の間での相互協力や連携に関する規定が多い。各種の国民保護措置の実施に当たって、緊急時には都道府県知事が相互に応援を要請し、事務の委託手続きに特例を設け、市町村長もまた同様の行動を取ることができる。

さらに国民保護措置の実施体制として対策本部の所掌事務や組織、本部長の権限が規定されているほか、政府の定める国民保護に関する基本指針に従って、都道府県及び市町村、各指定行政機関及び指定公共機関は、各々国民保護計画及び国民保護業務計画を作成しなければならない。

column

指定行政機関と指定公共機関とは

指定行政機関	内閣府、国家公安委員会、警察庁、金融庁、消費者庁、デジタル庁、総務省、消防庁、法務省、出入国在留管理庁、公安調査庁、外務省、財務省、国税庁、文部科学省、スポーツ庁、文化庁、厚生労働省、農林水産省、林野庁、水産庁、経済産業省、資源エネルギー庁、中小企業庁、国土交通省、国土地理院、観光庁、気象庁、海上保安庁、環境省、原子力規制委員会、防衛省及び防衛施設庁（2021年10月1日現在、計33省庁）

〈出典〉内閣府「防災情報のページ」

指定公共機関	国や地方公共団体と協力して、国民保護措置を実施する機関のこと。日本赤十字社や日本放送協会（ＮＨＫ）などの公共機関や、電気、ガス、輸送、通信などの公益的事業を営む法人が指定され、警報の放送、避難住民の搬送や緊急物資の運送などの役割を果たす。（２０２１年10月１日現在、合計１６４機関）

〈出典〉内閣府「国民保護ポータルサイト」から抜粋

また、これら一連の行動に関連して、警察や消防の活動における連携協力体制にも新たな配慮は欠かせない。平時における県警単位の発想を拡大し、隣接県及びその周辺県の警察相互の協力体制を構築する必要があるが、すでに知事同士による話し合いで相互協力について合意され、体制が整備されている。

同様に消防活動も、広域性の観点から一部事務組合の統合や組み換えが検討されるべきである。総務省消防庁での具体的検討も行われ、一定の指針も出されてはいるが、一部事務組合は長い歴史の中で構築された経緯があるだけに、統合や組み換えは容易ではない。ただし緊急事態における機能と効果を最大限に発揮するためには、積極的かつ前向きな検討は重要である。

column

一部事務組合とは

一部事務組合は、地方自治法第284～291条を根拠として、地方公共団体がその事務の一部を共同して処理するために、構成団体の議会の議決を経て、協議により規約を定め、都道府県が加入するものにあっては総務大臣、その他のものにあっては都道府県知事の許可を得て設ける特別地方公共団体である。一部事務組合が成立すると、共同処理するとされた事務は、構成団体の機能から除外され、一部事務組合に引き継がれる。組合内の構成団体につき、その執行機関の権限を移管する事項がなくなったときは、その執行機関は消滅する。

〈出典〉https://www.fdma.go.jp/mission/enrichment/wide/item/wide001_07_m03.pdf
(as of January 4th, 2021)

第1部基礎編 総務省消防庁

5　国民保護協議会

都道府県及び市町村には、国民保護措置への住民の意見を求め、各地域の国民保護措置に関する重要事項を審議し、各首長の諮問に応ずるために国民保護協議会を設置することとし、その組織の規定も設けられた。

前述の国民保護計画の作成及び変更に当たっては、あらかじめ各地域の国民保護協議会に諮問しなければならない。（第37〜40条）

第2節　住民の避難措置（第2章：第44〜73条）

1　国民保護法の中核的内容

国民保護法第2章に規定された住民の避難措置に関する30か条は、第3章の避難住民等の救援措置23か条及び第4章の武力攻撃災害への対処措置32か条と並んで、国民保護法における中核的規定である。当該2〜4章に規定された条文数合計（85か条）は、国民保護法全体の44％を占めている。

具体的内容としては、国民保護措置としての各種活動に関して、担当機関、役割分担、報告・連絡手順と対応に至るまで、詳細な任務が規定されている。これらは各機関の国民保護計画並びに同業務計画にも定められ、円滑な遂行と課題の克服を目指した国民保護訓練等で常に改善されつつある。

2　警報の発令、通知

住民避難の仕組みは、警報の発令と通知に始まり、避難措置の指示及び避難住民の誘導に至る一連の行動が規定されている。具体的には、まず国（対策本部長としての内閣総理大臣）による警報の発令、関係機関への通知、通知を受けた都道府県知事による市町村長その他の関係機関への通知、市町村長による関係団体等への通知という、主として三段階から構成されている。

国の対策本部長（内閣総理大臣）の警報内容には、①武力攻撃事態等の現状及び予測、②武力攻撃が迫り、又は現に武力攻撃が発生した地域、③住民及び公私の団体に対し周知させるべき事項、が含まれる。

最終的に武力攻撃事態等の現場で指示する市町村長は、サイレンや防災行政無線その他のあらゆる手段を活用し、都道府県警察等の協力を得て、可及的速やかに住民や関係諸団体に警報内容を通知しなければならない。

また都道府県知事等は、速やかに学校、病院、駅など多数の利用者のいる施設管理者に警報内容を伝達するとともに、各行政機関の長も、外相は在外邦人に、国交相は航空機内在留者に、海保長官は船舶内在留者に伝達することに努め、放送事業者も速やかに、その内容を放送しなければならない。

3　避難の指示

避難の指示については、まず対策本部長（内閣総理大臣）が住民避難の必要性を認めたときは、総務大臣を経由して避難に関係する都道府県知事に対し、避難措置を講ずべき指示を出す。その際、①住民避難が必要な地域（要避難地域）、②住民の避難先となる地域（避難先地域）、③住民避難に関して、関係機関が講ずべき措置の概要、を示さなければならない。

この指示を受けた総務大臣は、関係都道府県知事以外の都道府県知事にも同様の内容を通知し、他に関係行政機関等にも通知する。

要避難地域を管轄する都道府県知事は、要避難地域の市町村長を経由して、直ちに避難を指示するが、その際、地理的条件や交通事情などの条件等に配慮し、主要な避難経路、交通手段などの避難方法を示さなければならない。また、避難指示を出した都道府県知事は、避難先地域を管轄する市町村長にも通知しなければならない。

また内閣総理大臣は、何らかの事情により適切な避難指示が行われない場合に、それを是正する措置として、自ら所要の避難指示をすることができる。

都道府県境を越えた避難指示を受けた関係都道府県知事は、避難住民の受け入れについて協議し、相互かつ緊密に連絡・協力しなければならない。その場合、総務大臣は円滑な受け入れのために必要な勧告ができ、内閣総理大臣もまた、総務大臣を直接指揮し所要の避難住民の受け入れ措置を講じさせる。

4 避難住民の誘導

避難住民の誘導は、主として市町村の役割であるが、市町村長はあらかじめ避難実施要領を定め、避難指示があった時の備えをしておかなければならない。同要領に含まれるべき事項は、①避難の経路、手段その他の避難方法、②避難住民の誘導方法、関係職員の配置その他、③以上の他に必要な事項、である。

これらの内容は関係のある公私の団体、執行機関、消防、警察、海上保安庁及び自衛隊その他の関係機関に通知しなければならない。その際、市町村長は、当該職員及び消防団員を通じて住民の避難誘導に努めるが、必要に応じて食品、飲料水の供給、医療の提供などに努めなければならない。加えて避難住民の誘導には、警察、自衛隊も円滑な避難行動のために協力し、混雑による危険発生の防止に努め、必要な警告や指示をし、危険な場所への立入りを禁止し、退去させ、道路上の車両等の除去等をすることができる。

いずれにせよ、一刻を争う時間的余裕のない中で、的確かつ正確な情報伝達は、国民の生命と安全に直結する。必要な避難の誘導のために関係機関やその職員、国及び都道府県、市町村の有するすべての機能や能力を駆使し、安全な住民の避難行動の完遂のために協力体制を構築しなければならない。

第3節　避難住民等の救援措置（第3章：第74～96条）

1　救援活動の重要性

国民保護措置を必要とする場合のほとんどは、緊急性が高い。時間との競争の中で避難した住民は、その直後から日常生活に支障をきたす状況が想定され、避難先での迅速かつ的確な救援措置は不可欠である。自然災害とは異なり人為的かつ意図的災害では、混乱と情報の錯綜による不安と恐怖の中で過ごす避難住民がいる一方、それに対応する関係者や近隣住民もまた同様の状況であることが想定される。正確かつ適正な情報提供と的確かつ迅速な物的支援の両面で、配慮の行き届いた救援活動が重要である。

2 救援

避難措置の指示を出した対策本部長（内閣総理大臣）は、避難先地域を管轄する都道府県知事に対し、直ちに避難住民の救援指示を出し、また武力攻撃災害の被災者が発生した地域の都道府県知事に対しても、所要の救援を指示することができる。

同指示を受けた都道府県知事は、避難住民に対し収容施設の供与、食品及び水の供給、生活必需品の給貸与、医療の提供、被災者の捜索・救出、埋葬・火葬、通信設備の提供等に加え、金銭の支給も行うことができる。

都道府県知事及び市町村長は、指定公共機関等の運送事業者に対し救援に必要な緊急物資の運送を求め、また都道府県知事は、医薬品や食品等の必要な物資を生産、販売、配給等を行う事業者に対して、売り渡し要請や特定物資の収用、保管を命じることができる。

都道府県知事は、医療目的の施設を開設するため、土地や家屋を使用する必要があるときは所有者等の同意を得て、また特に必要があるときは同意を得ないで当該土地・家屋を使用することができる。

都道府県知事は、避難住民への医療提供を必要とするときは、医療関係者にその要請をすることができ、特に必要があるときは医療関係者への安全に配慮した上で、医療の提供を指示することができる。

3　安否情報の収集等

市町村長は、住民の安否情報の収集・整理に努めて都道府県知事に報告し、当該知事は自らも安否情報の収集・整理に努めながら、総務大臣に報告しなければならない。また総務大臣及び地方公共団体の長は、安否情報の照会に対して個人情報の保護に十分留意しながら、速やかに回答しなければならない。

日本赤十字社は、外国人の安否情報の収集・整理に努め、照会に対しては速やかに回答しなければならない。

第4節　武力攻撃災害への対処措置（第4章：第97～128条）

1　人為的かつ意図的災害

武力攻撃災害の発災は多様である。突発的な大爆発から始まる事案や発端はより些細な事象から拡大する事案などもあり、完全な予測は不可能である。いずれにせよ、武力攻撃災害は人為的かつ意図的な行動によって生起されることから、周到に用意された事態発生が予想され、その対応も組織的かつ機動的な迅速性が求められ、日頃の図上並びに実動訓練は殊の外大切である。

発災場所についても複数個所における同時多発的な爆発等から始まり、武装工作員等の多様な移動経路や次なる移動先でのさらなる事態の拡大も予想され、それらへの対応力は関係機関の協力と連携による訓練で確認するほかない。

2　通則

武力攻撃災害の発生に際しては、基本的に国、都道府県、市町村の各機関が協力して対処する。

まず国は武力攻撃災害を防除・軽減するために必要な措置を講ずるとともに、地方公共団体と協力して武力攻撃災害への対処措置を的確かつ迅速に実施しなければならない。

対策本部長（内閣総理大臣）は、必要に応じて都道府県知事に対し武力攻撃災害への対処を指示することができるが、都道府県知事もまた、同災害が著しく大規模であり、性質が特殊である等の理由で対応が困難なときは、対策本部長（内閣総理大臣）に対し必要な措置を要請することができる。

消防は、その施設及び人員を活用して武力攻撃による火災から国民を保護し、武力攻撃災害を防除・軽減しなければならない。また、その兆候を発見した者に対する通報義務や通報を受けた市町村長の都道府県知事への通知義務も規定されている。

都道府県知事は、住民に対する危険防止のために緊急の必要があるときは、①武力攻撃災害の現状及び予測、②住民及び公私の団体に周知させる事項、等を盛り込んだ武力攻撃災害緊急通報を発令しなければならない。同緊急通報の発令に際しては、都道府県知事は、区域内の市町村長をはじめ関係諸機関及び対策本部長（内閣総理大臣）に通知し、また同通知を受けた放送事業者は、緊急通報の内容を速やかに放送しなければならない。

3　応急措置等

都道府県知事は、武力攻撃災害の発生又は拡大防止のため、区域内の生活関連施設の安全確保を要するとき、同施設管理者に必要な措置を要請することができる。指定行政機関の長等も同様の要請ができ、警備の強化等を講じなければならない。

また知事からの要請を受けた公安委員会等は、当該生活関連等施設の敷地及び周辺地域を立入制限区域に指定し、意向を受けた警察官等は、同区域への立入制限若しくは禁止、又は退去を命ずることができる。

その他、危険物質や石油コンビナート等に対する武力攻撃災害への対処、武力攻撃による原子力災害への対処や原子炉等に係る武力攻撃による災害発生の防止又は放射性物質による汚染拡大の防止等に関し、協力を要請する当該施設職員に対して、内閣総理大臣及び都道府県知事は、その安全確保に必要な措置を講じなければならない。

この他市町村長は、武力攻撃災害から住民を保護し、被害の拡大を防止するために特に必要なときは、住民の退避を指示することができ、また緊急の必要に際しては、当該区域内の他人の土地、建物を一時使用若しくは収容することができる。

さらに地方公共団体の長又はその職員は、区域内の住民の健康保持や環境衛生の確保のために緊急の必要があるときは、区域内の住民に対し、安全に配慮した上で必要な援助への協力を要請することができる。

市町村の長及び職員、都道府県の知事及び職員又は消防吏員、警察官は、武力攻撃災害の発生における消火、負傷者の搬送、被災者の救助等に緊急の必要があるときは、区域内の住民に対し、安全に配慮した上で必要な援助についての協力を要請することができる。

この他、廃棄物処理法や文化財保護法、感染症予防法、検疫法、予防接種法、墓地埋葬法等についての特例措置が規定されている。

4　被災情報の収集等

指定行政機関の長等は被災情報の収集に努める一方、市町村長及び指定地方公共機関の長もまた、収集した被災情報を速やかに都道府県知事に報告しなければならない。そして報告を受けた知事は総務大臣に、総務大臣は対策本部長に速やかに報告し、同本部長としての内閣総理大臣は、被災情報を速やかに国民に公表し、かつ国会に報告しなければならない。

第5節　国民生活の安定に関する措置等（第5章：第129〜140条）

1　安全と安心のライフライン確保

国民保護措置を必要とする緊急事態の発生に際しては、混乱と不安がつきものであるが、これに乗じた関連物資の価格高騰や供給不足は、それらをさらに増大させる。それを防止するための手立ては、事前に整備されていなければならない。また、住民の安全と安心に貢献する電気・ガス・水道といった社会インフラの確保は、日常生活の安定のためには欠かせない。加えて運送、郵便、医療の提供などは、避難住民はもとより、受け入れ先の関係機関や地域住民にとっても重要な分野であり、関係者の安全確保に細心の注意を払いながら機能の維持に万全の態勢で臨むべきである。

2　国民生活の安定措置

指定行政機関及び指定地方行政機関並びに地方公共団体の各長は、国民生活関連物資若しくは役務又は国民経済上の重要物資若しくは役務について、価格高騰や供給不足を防ぐため、生活関連物資等の買占め・売惜しみ緊急措置法、国民生活安定緊急措置法、物価統制令等に基づく措置を講ずる。また内閣は、国家経済の秩序維持及び公共の福祉の確保のために緊急に必要なときは、金銭債務の支払延期及び権利の保存期間延長について政令を制定することができる。

日本銀行もまた、銀行券の発行並びに通貨及び金融を調節し、信用秩序の維持措置を講じなければならない。

3　生活基盤等の確保措置

指定公共機関等の電気・ガス・水道の各事業者は、電気・ガス・水の安定的かつ適切な供給措置を講じ、運送事業者は旅客及び貨物の運送、電気通信事業者は通信の確保、郵便事業者は郵便及び信書便の確保など、必要な措置を講じなければならない。

指定公共機関等としての病院その他の医療機関は医療の確保に努め、また河川、道路、港湾及び空港管理者は各施設を適切に管理し、災害に関する研究を業務とする指定公共機関は、国、地方公共団体及び他の指定公共機関に対し、武力攻撃災害の防除、軽減及び復旧に関する指導、助言及び援助に努めなければならない。

4 応急の復旧

指定行政機関の長等は、管理施設及び設備が被災したとき、応急の復旧に必要な措置を講じなければならない。この場合、都道府県知事等は関係各機関の長に対し、応急な復旧への支援を求めることができる。

第6節 復旧、備蓄その他の措置（第6章：第141～158条）

1 国民保護措置及び復旧のための備蓄品

国民保護措置及び武力攻撃災害の復旧用の物資・資材と自然災害用のそれとは共通するものが多い。この点に鑑み、備蓄スペースや備蓄量、備蓄品の種類などに関する総合的判断から、両方を兼用できることとなった。限られた予算での備蓄等を考えれば当然と言える。ただし避難先地域では備蓄された物資・資材がそのまま有効に使用されるが、要避難地域で備蓄されていた物資・資材については、避難とともに移動ができない場合も多く、県境を越えた長距離避難の場合に備えた備蓄品の種類や運搬手段の確保も検討しておく必要がある。

2　国民保護措置に必要な物資・資材の備蓄・整備・点検

指定行政機関の長等は、武力攻撃災害の復旧を行わなければならないが、地方公共団体の長等と連携し、住民避難や避難住民の救援に必要な物資・資材を備蓄・整備・点検し、又は管理する施設及び設備を整備・点検しなければならない。

都道府県知事及び市町村長は、同区域外からの避難住民の救援のために、備蓄物資又は資材を供給するが、国民保護措置に必要な物資及び備蓄は、災害対策基本法上のそれらと相互に兼ねることができる。

都道府県知事は住民避難又は避難住民の救援のために、あらかじめ基準を満たす施設を指定しなければならず、政府も必要な避難施設の調査・研究・整備に努めなければならない。

都道府県公安委員会は、住民避難、緊急物資の運送等の国民保護措置を的確かつ迅速に実施する必要があるときは、区域や道路区間を指定し、緊急車両以外の車両の道路通行を禁止又は制限することができる。同様に指定行政機関又は地方公共団体の長は、通信に関する国民保護措置が特別かつ緊急に必要な場合は、電気通信事業者の関係設備を優先的に利用し、また有線・無線の設備を使用することができる。

続いて赤十字標章等の交付や国民保護に関する特殊標章等の交付に関する規定がある。

第7節　財政上の措置等（第7章：第159～171条）

1　国の負担

国民保護法に規定された同法の目的及び内容は、国の基本的使命に関わる国民の生命・財産の保護に関するものであり、この意味からも国民保護措置は国としての対応を原則とする。したがって国民保護措置に要する費用については、国民保護訓練費用も含め原則として国が負担し、国民の負託に応えることとなった。

2　損失補償、実費弁済、損害補償等

国及び地方公共団体は、救援物資の収用又は保管命令並びに土地の使用等に関する処分が行われたときは、その損失を補償し、また国民保護措置に必要な援助に協力した者が死亡、負傷をはじめ

疾病や障害を負ったときは、損害を補償する。さらに都道府県は、医療の実施要請に応えた医療関係者に対し、その実費を弁済する。

国及び地方公共団体の費用負担については、原則として国が住民避難措置に要する費用、避難住民等の救援措置に要する費用、武力攻撃災害への対処措置に要する費用、損失補償、実費弁済、損害補償及び損失補てんに要する費用及び訓練費用を負担する。国民保護訓練に要する費用の国の負担に関しては、衆議院での審議の結果、条文修正を経て規定されたものである。

第8節　緊急対処事態への対処措置（第8章：第172〜183条）

1　緊急対処事態発生の蓋然性

発生の蓋然性から言えば、外国の正規軍による武力攻撃に比し、いわゆる大規模テロ、例えば原子力事業所等の破壊や石油コンビナートの爆破、巨大ターミナル駅や列車の爆破、炭疽菌やサリンの大量散布、航空機を使った自爆テロ等の想定がより現実的であり、これらの事態についても国民保護措置を武力攻撃事態等に準じて行うことが必要とされた。

2　緊急対処事態の概要

緊急対処事態とは、武力攻撃の手段に準ずる手段を用いて多数の人を殺傷する行為が発生した事態又は当該行為が発生する明白な危険が切迫していると認められるに至った事態で、国民の生命、身体及び財産を保護するために、国家として緊急に対処することが必要なもの、とされた。

3　緊急対処事態の認定

緊急対処事態の認定については、事態対処法に基づき政府が閣議を経て行い、緊急対処事態対処方針に基づき、住民避難、避難住民の救援、武力攻撃災害への対処措置等、速やかに緊急対処措置が取られることとなった。通常、広範囲な情報は、国の情報収集機関を通じて国に集中しており、それらの検討と分析の結果を一括して当該地方機関へ通知するのが、混乱を排し、情報の錯綜を防止するうえで合理的である。

4　国及び地方公共団体並びに指定公共機関等の役割

国及び地方公共団体は、その組織及び機能のすべてを挙げて緊急対処保護措置を的確かつ迅速に実施しなければならない。また指定公共機関等も国及び地方公共団体と相互に協力し、緊急対処保護措置の的確かつ迅速な実施のために万全を期さなければならない。

5　国民の協力

緊急対処保護措置の実施に協力を要請された国民は、自発的な意思によって必要な協力に努めなければならないが、強制されることはない。また国及び地方公共団体は、自主防災組織やボランティアによる緊急対処保護措置に資する活動に対して必要な支援を行うよう努めるものとする。

また緊急対処保護措置の実施に当たっては、日本国憲法の保障する国民の自由と権利が尊重され、それに制限が加えられるときも必要最小限のものに限られ、公正かつ適正な手続きの下で行われなければならない。加えて、差別的な取り扱いや思想・良心・表現の自由を侵害してはならず、緊急対処保護措置の実施に伴う損失補償、不服申立て及び訴訟、権利等の救済手続きの迅速な処理に努めなければならない。

国民への協力要請及びその取扱いや課題については、次の第3章第2節1で改めて詳細に論じたい。

第9節　雑則（第9章：第184〜187条）

・大都市の特例

都道府県又は都道府県知事が処理する事務は、指定都市においては、指定都市又は指定都市の長が処理する。また国民保護法の適用について特別区は市とみなす。

国民保護法上、地方公共団体が処理する事務は、都道府県警察による事務を除き、法定受託事務とする。

第10節　罰則（第10章：第188〜194条）

・災害対策基本法と同様の刑罰

具体的な規定内容は付録「国民保護法の条文概要」を参照していただきたいが、当該章の罰則は、国民保護措置の円滑な履行を確保するための必要最小限の規定である。

例えば原子炉等による災害防止のための措置命令及び生活必需物資や緊急物資の保管命令等に従わなかった者、交通規制や立入制限又は退去命令等に従わなかった者に対する罰則が主な内容であるが、原則としては現行の災害対策基本法と同様の刑罰が規定されている。

国民保護法が国民の自由と権利の保障を謳い、その制限についても必要最小限とする趣旨を貫いていることから、罰則規定の内容も、他の既存法律と比較して最小限の範囲に止められている。

第3章

国民保護法の将来と課題
――実効性確保に向けた取り組み

第1節　現行国民保護制度を前提とした実効性確保施策

1　国民保護計画及び国民保護業務計画の策定

国民保護法第33～36条に従い、規定上の各機関は、国民保護基本指針に基づき、各所掌事務に関する国民保護計画及び国民保護業務計画を作成しなければならない。各計画の作成及び作成後の大規模な修正に当たっては、都道府県においては都道府県国民保護協議会、市町村においては市町村国民保護協議会に、それぞれ諮問しなければならない。（同法第37条及び第39条）

上記各機関とは、指定行政機関（2021年10月1日現在、33省庁）、都道府県（同日現在、47都道府県）、指定公共機関（同日現在、164機関）であり、すべての機関で国民保護計画及び国民保護業務計画が作成済みである。

ただ市町村の国民保護計画は、市町村の合併等もあり幾多の曲折を経たが、2021年10月1日現在、1741市区町村中1740市区町村（99・9％）で作成が完了しているものの、残る1団体（沖縄県読谷村）で未作成の状態が続いている。本来、原則として2006年度中の作成を目指すことになっていたにもかかわらず、今なお未作成となっており、早急な整備が望まれる。

ちなみに、基本計画としての国民保護計画が策定されていないということは、それに基づく国民保護に関する各種訓練も実施されていないことになる。緊急事態に際し、地域住民の生命と財産を保護するために、地方公共団体をはじめとする各種機関が連携と協力体制を組めない実態は、地方公共団体の根本的な存在意義を問われかねず、あらゆる手段を講じて早期の整備が求められよう。

また指定地方公共機関の国民保護業務計画については、2021年10月1日現在、1078機関中1067機関（99・0％）で作成が完了しており、残る11機関は新規の指定機関等々であって、現在作成中である。

2　実動及び図上訓練の実施と国民保護計画の継続的見直し

実動及び図上の各訓練は、克服すべき課題を見つけ出すことが最重要の目的である。計画通りことが進んだ訓練やイベント化した訓練は、肝心な現実の事態発生の際には役に立たないとも言われている。もちろん迂闊なミスに端を発した大きな失敗は論外だが、重要なのは、そのミスが組織構造上のものか人為的なものか、積極的なミスか消極的なミスか、ミスのカバーは速やかに行われたか、その後の行動にどのような影響を与えたか、結果的にどのような結末になったか等々を詳細に分析し、現実の事態発生に備える態勢を整備することである。地道に課題を克服してこそ、実効性のある国民保護計画に仕上がっていくはずであり、課題を生んだ訓練結果に恐れることはない。

このような考え方に対し、地方公共団体の一部には、上級官庁からの「指導」という名の叱責を恐れ、成功裏に終わる訓練に執着する傾向も散見される。しかし、訓練の本質的な意味と意義を考えれば、失敗の原因を究明するための詳細な分析を試み、今後にどう生かすかについて検討し、「指導」する上級官庁に説得的な説明ができるような体制こそが望ましい。

昨今の訓練では、担当者に国民保護措置を必要とする事態の展開を知らせない、ブラインド方式による実施が一般的である。訓練の結果、認識された課題は即日、国民保護計画や各種の運用マニュアルに反映されなければならない。国際的な安全保障環境や国内の社会情勢、多様な緊急事態発生現場及び周囲の状況、予測される事態等は常に流動的であり、迅速かつ柔軟で臨機応変な対応が要求される。

国民保護訓練は2005年度から実施されているが、総務省消防庁国民保護室の統計によれば、2021年度までの実績は実動訓練が延べ74回、図上訓練が延べ194回を数え、加えて2017年度以降は、実動・図上訓練を合わせて実施した県も増えた。ただし、都道府県によって訓練実績には温度差があり、47都道府県が平均的に実績を上げている訳ではない。訓練の実態としては、2県にまたがった訓練や実動・図上訓練を同時に実施する県もあるが、今後はさらに多様な想定の下での実施が望ましい。

なお2022年度に実施予定の訓練としては、実動・図上訓練として6府県の参加による4訓練、実動訓練として2県、図上訓練として25府県で計画されている。

また北朝鮮による弾道ミサイル発射事案が頻発し、わが国の上空を通過する事案も発生した状況に鑑み、2016年度から2018年度にかけて「弾道ミサイルを想定した住民避難訓練」が実施された。2016年度に1市、2017年度に24市区町、2018年度に2市、合計27市区町で実施された避難訓練には多くの地域住民も参加して、避難の手順や対応を体験した。

ただ、複数県にまたがる訓練が実施されたのは、2005年度に図上訓練として行われた4県連続での多発爆破テロの想定が1回、そして隣県への域外避難を想定した図上訓練が2回のみで、他はすべて1都道府県内での訓練にとどまっている。今後は多数の地方公共団体が同時に参加する広域な訓練や隣県のみならず遠方県への移動を含む避難訓練、特定領域の複数の離島から本土への住民避難訓練なども実施し、国民保護計画及び国民保護措置の実効性を高めていく必要がある。

ちなみに、2021年度から新しい取り組みとして「地域ブロック検討会」を実施することが計画されている。これは全国を六つの地域ブロックに区分し、毎年各ブロックにおいて、国と地方公共団体との間で最新の情勢認識を共有するとともに、国民保護関連の各種課題に対する検討や意見交換を行う場として機能させようとする検討会方式の訓練である。2022年度における「地域ブロック検討会」は、秋田県、群馬県、岐阜県、大阪府、愛媛県、佐賀県の1府5県で、図上訓練とともに実施予定である。

日本を取り巻く国際安全保障環境が激変する中、緊張感をもって各種情報を提供し、国と地方公共団体及び関係諸機関が、現状認識を共有することは重要である。

3　多様な運用マニュアルの作成

国民保護法上の「国民保護計画」が基本計画である以上、その実効性を担保するための多様な運用マニュアルの作成は不可欠である。地方公共団体による避難実施要領はほぼ作成済みだが、その内容の広報・啓発活動も常時かつ繰り返し必要となろう。

またマニュアルは地方公共団体の内部用と地域住民への広報用の二種類が必要である。

地方公共団体の内部用としては、通常の自然災害対応の職員参集基準に加えて参集率と優先的業務の選択、適切な対策本部設置場所に即した参集体制、避難先地域との連携を含む他県・他機関との協議を重ねた上で、避難先地域の状況を見越した参集場所の検討、定期人事異動に伴う各職員の参集場所の常時見直し等に加え、指定公共機関の国民保護業務計画とのすり合わせ等も必要となろう。

また地域住民用のマニュアルで重要なものは、避難実施要領である。自然災害に関しては一般住民の知見や知識も備わりつつあるが、国民保護用の避難マニュアルについては自然災害用ほど一般的に馴染みはない。必要性が低いことは幸運でもあるが、広報の欠如が被害を拡大することのないよう適切な啓発活動は必要である。

とりわけ自力避難の困難な避難時要援護者に対する避難支援措置は急務であるが、他にも安全最優先の考え方から、一時的な自宅待機措置における密閉性の高い建物や部屋の選択、学校や事業所など職場別の避難マニュアルの作成、各地域や場所での情報収集の方法、野外での一時的緊急避難方法など、分かりやすいパンフレットの作成と配布等がポイントとなろう。

一時、避難時要援護者の避難支援要領の作成に関して、個人情報保護法がネックとなる事案が散見されたが、当該要領は公益及び本人利益に基づく措置であって、十分な信頼と理解を得た上で積極的かつ迅速な進捗を図るべきである。

合わせて各種情報の収集に際しては、その管理に万全を尽くすことが求められる。収集された情報は、適正な管理体制を確立してこそ緊急事態での適切な利用が可能となる。また情報漏洩等の事態の発生は、管理する地方自治体等の信頼を一気に失わせることになりかねず、その後の情報収集を極めて困難にする。常に管理体制をチェックし、漏洩の防止に万全を期すべきである。

4　地方公共団体独自の人材育成

事態対処法第7条は、武力攻撃事態等への対処に関し、国と地方公共団体との役割分担について、以下のように規定する。すなわち「武力攻撃事態等への対処の性格にかんがみ、国においては武力攻撃事態等への対処に関する主要な役割を担い、地方公共団体においては武力攻撃事態等における当該地方公共団体の住民の生命、身体及び財産の保護に関して、国の方針に基づく措置の実施その他適切な役割を担うことを基本とするものとする」と。

この規定は、武力行使を伴う国家の緊急事態に際して、自国民の安全確保を究極の目的として、国は国家防衛に関する主導的役割を担い、地方公共団体は、当該区域内における住民の安全確保を主要な任務とすることを意味している。具体的には国は唯一の実力集団である自衛隊を運用し、日米安保体制下で米軍との連携と協力を進めながら不法な武力集団の殲滅のためにあらゆる対処措置を講ずる一方、地方公共団体及びその職員は、当該地域住民の生命、身体及び財産を保護する国民保護の役割を担うのである。

このように国民保護法の制定は、地方公共団体の首長の権限を増大させたが、同時にその責任の重大性も一層増加させた。しかし、その割には、首長の権限と責任の増大に応える人的資源は平時のままであり、また特別な物的、財政的裏付けがある訳ではない。場合によっては自然災害でも同様だが、とりわけ意図的かつ人為的事件や大規模テロなどの場合、警察・消防が標的とされ被災している可能性もあり、まして自衛隊には本来任務があるとすれば、緊急対処事態の発生などに際しては、自助・共助と並ぶ公助が機能していない状態にある可能性が極めて高い。

この事態に際し、地方公共団体の職員が如何に対応すべきかは重大な懸案事項である。この状況を受け、危機管理や緊急事態対処といった非常時の対応に具体的知識を有する人材を、地方公共団体独自に、かつ早急に養成すべきことが喫緊の課題となった。現在、大学における危機管理学部の存在も散見される他、民間の各種NPO法人などが研究会や講習会の開催により危機管理スペシャリストの人材育成事業を行っている。これらへの積極的参加による危機管理能力の向上を図ることも重要である。他方で巨大かつ複合的な自然災害の多発などを背景として、将来の地方公務員の新規採用に当たっては、専門職としての危機管理要員の採用も考慮すべきであろう。

そもそも地方公共団体の職員は、組織自体の目的と使命からしても、危機管理担当者のみならず職員全員が地域住民の安全確保のための「危機管理要員」であるべきである。職員一人一人の危機管理能力の向上は、地域住民の安全と安心に直結した、地方公共団体の存在意義の根幹に関わる課題でもある。

また1995年の阪神淡路大震災を契機として、退職自衛官が地方公共団体の防災・危機管理関係部局に採用される事例が見られるようになった。同震災翌年の4月に静岡県情報防災研究所に採用されたのが最初とされるが、その後徐々に増え始め、2004年6月の国民保護法成立に伴って、各都道府県・市町村に「国民保護計画」の作成が義務付けられたことが大きな契機となった。外国からの武力攻撃を受けた場合の住民避難や誘導など、緊急時の対応に不慣れな自治体職員の能力を補完し、専門的知識や自衛隊との人脈を生かせるメリットが大きいとの理由から、積極的な採用に踏み切った自治体が多かったとされる。退職自衛官の専門的知見、経験や能力に期待した証左である。

2022年3月31日現在、多くの地方公共団体で退職自衛官が採用され、防災・危機管理部局における在職状況は、都道府県合計104名（茨城県及び沖縄県を除く45都道府県）、全都道府県に所在する302市10区104町10村合計497名で、合わせて601名である。国民保護分野に関して彼らは、国民保護計画の作成をはじめとして、緊急対処事態の発災などに際しての避難や救援の手順を定めた避難実施要領の作成、国民保護に関する実動訓練・図上訓練の想定及び対応手順の作成など、自衛隊在職中に培った能力を発揮して地方公共団体全体の総合的な緊急事態対応能力の向上に貢献している。

加えて、発生した事態に対し的確に状況を把握し、適時に判断・対応できる能力や手法を提供し、地方公共団体職員の経験や知識不足を補完する役割を担っている。また2006年4月1日から防衛省が全国の地方協力本部に設置した「国民保護・災害対策連絡調整官」は、国民保護法適用事態はもとより、平時には各種防災訓練への参加、連絡体制の充実や防災計画の策定などで地方公共団体との連携確保に努めている。

他方、現在の地方公共団体の組織名称に「国民保護」を冠した部局はほぼ存在していない。この実態が示すように、職員の大多数は国民保護法の制定経緯やその背景を知る機会もなく、同法制定の意図や目的に触れる機会さえ皆無に等しいのが現実である。したがって、同法を根拠に策定された国民保護計画についても、担当職員を除いてほとんど関心が払われていないのが実情である。

一方で京都府や鳥取県など、いくつかの地方公共団体では数年に一度、定期的に国民保護法の制定経緯や概要に加え、日本を取り巻く国際安全保障環境や地方公共団体レベルでの具体的対応策の在り方などに関する勉強会を開催している。主として消防や警察を中心とし、府県や市町村の危機管理官や担当職員の意識の向上と知識レベルのブラッシュアップを図っている。

各地方公共団体には、それぞれの個別の事情も想定されるが、ことは地域住民の安全と安心に直結する地方公共団体の存在意義に関わる問題である。国民保護制度に関する部局の名称がないからといって、国民保護活動への具体的対処までが軽視されてはならず、後悔や反省が許されない政策だけに、各種の課題を検討した上での早急な対策と速やかな対応が求められている。

5　啓発・広報活動の継続的徹底と地方公共団体職員の研修

一般の地域住民に対する国民保護に関する啓発・広報活動は、地方公共団体の重要な役割である。国民保護法に基づいて各関係団体に義務化された国民保護計画の策定に際しては、全国の都道府県レベルで数多くの国民保護フォーラムが開催された。これらが一段落すると、市町村レベルでの国民保護計画が策定され、加えて指定地方公共機関の国民保護業務計画もそれぞれの機関で策定が進んだ。

ただ、国民保護計画を策定したことで国民保護活動が終わった訳ではない。むしろ、ここからが始まりであって、各自治体や町内会などのフォーラムや各種イベントを開催する機会を通して、住民への説明を徹底する必要がある。その際、各種パンフレットや資料を配布し、各家庭に常備できる避難マニュアルなどを使って積極的に広報することが重要である。

当然のことながら、これらの知識や行動は自然災害時と共通する部分と異なる部分とがあり、国民保護活動に特化したきめ細かな分かりやすいマニュアルが求められる。とりわけミサイルの飛来事案等に対しては、堅固な建物内の部屋の窓から離れた場所への避難を基本とし、可能ならば地下への避難を求めるなど、想定事案に即した対応を分かりやすく示すことが大切である。一時、北朝鮮によるミサイル発射事案の頻発によって、国民の間に緊張感と不安感が増したため、全国各地でそれを想定した避難訓練が実施された。しかし、かかる場合にこそ冷静に対応指針を示し、不安感の払拭に繋げる努力が必要である。

また発生する事態によっては、近隣の集合場所から遠距離避難をする場合も想定されている。いずれにせよ、これらの広報が一方通行に陥らないように、常時、問い合わせに応じられる体制作りも必要である。

地方公共団体にとっても、一定期間ごとの職員研修は不可欠である。国民保護計画策定時には担当職員も多く、法的根拠や具体的対応に詳しい人材も担当部署には複数が在職していた。しかし計画策定の完了から15年以上が経過し、当初の担当者が人事異動ですでに交代し、担当部署名から「国民保護」の名称すら消えた現在、実態は国民保護の基本知識すら学ぶ機会のない人材で対応せざるを得ない状況にある。国民保護法制を必要とした当時の背景から、確立された現在までの経緯を知り、当該法制の現在及び将来の課題を改めて認識するために、全員が「危機管理要員」であるべき地方公共団体職員の研修は不可欠である。

6　全国瞬時警報システム（Jアラート）による情報伝達

Jアラートとは、大規模な自然災害の発生や弾道ミサイル発射事案など、緊急性を有する事態に際して、政府が人工衛星（スーパーバードB2）を経由して緊急情報を送信し、全国市町村の同報系防災行政無線を自動起動することにより、特定地域の住民に緊急情報を瞬時に伝達するシステムである。つまり全国衛星通信ネットワークと市町村に設置されている同報系防災行政無線とを接続し、国による事態の覚知から危険の迫る特定地域の住民へ、一切人手を介さず、時間的ロスを最小限にして伝達することを目的としている。従来使用されていた「エムネット」が人手による電子メールの一斉送信だったのに対し、不測の事態にも人的負担を掛けないで24時間対応が可能となった。

現在、全国すべての地方公共団体に受信設備が設置されており、国民保護事態に対応して2007年度から運用している。武力攻撃事態等に関しては、内閣官房からの情報を、総務省消防庁が対象となる地方公共団体に対し、衛星を介して一斉送信する手順となっている。

現在、このシステムは広域の国民へ直接情報を伝えることのできる唯一の手段であり、今後は、訓練時にも指摘された受信計器の誤作動や無反応、人為的ミスによる同報系防災行政無線の誤発信（誤情報の放送）などによる低下した信頼性を回復し、さらに保守・管理を徹底した上で常時良好な受信環境を維持して、安定的な運用を確保し、将来にわたって緊急時の有効かつ有用な手段として活用されなければならない。

第2節　制度見直しによる実効性向上施策

1　国民の協力と抑制的な私権の制限

「国民の協力」に関する総論的規定は、事態対処法及び国民保護法に定められている。すなわち、「国民は、国及び国民の安全を確保することの重要性に鑑み、指定行政機関、地方公共団体又は指定公共機関が武力攻撃事態等において対処措置を実施する際は、必要な協力をするよう努めるものとする」（事態対処法第８条）。「国民は、この法律の規定により国民の保護のための措置の実施に関し協力を要請されたときは、必要な協力をするよう努めるものとする」（国民保護法第４条１項）。

その一方で、国民保護法には、特定の機関や事業者に対する指示や命令が規定され、従わない者や違反した者及び法人には罰則規定がある（同法第１８８～１９４条）。

他方、災害対策基本法第71条には、災害救助法第７～10条を引用しながら、地方公共団体の長が災害時には、地域住民に対し従事命令や協力命令又は保管命令を発するとし、従わなかった者には罰則規定が設けられている。（同法第１１３～１１７条）とりわけ災害救助法第８条には、都道府県知事が「救助を要する者及びその近隣の者を救助に関する業務に協力させることができる」とする協力命令が規定されている。

しかし、国民保護法上の国民に対するスタンスは、立憲主義を標榜する民主国家にあっては、まさに言わずもがなの姿勢である。すなわち国民保護措置に関して「協力を要請されたときは、必要な協力をするよう努めるもの」とし、この協力は「国民の自発的な意思にゆだねられるものであって、」「強制にわたることがあってはならない」（国民保護法第4条1～2項）と規定している。その上で国民に協力を要請できる場合を限定し、具体的な協力内容として、①避難住民の誘導の援助（第70条）及び避難住民の救援の援助（第80条）、②消火活動や負傷者の搬送又は被災者救助の援助（第115条）、③保健衛生の確保に関する措置の援助（第123条）、④避難訓練への参加（第42条）を提示している。

自然災害時と武力攻撃事態時との状況の相違に鑑みても、これは著しくバランスを欠いている。諸外国のほとんどが国民の協力に関して、一定年齢期間に服務義務規定を定めている現状をいかに考えるべきか、今後の検討が必要である。

また私権の制限に関する規定も同様に、極めて抑制的である。国民保護法第5条は国民保護措置の実施に当たっては、「日本国憲法の保障する国民の自由と権利が尊重されなければならない」とし、「国民の自由と権利に制限が加えられるときであっても、その制限は」「必要最小限のものに限られ、かつ、公正かつ適正な手続の下に行われるものとし、いやしくも国民を差別的に取り扱い、思想及び良心の自由並びに表現の自由を侵すものであってはならない」としている。立憲主義を標榜し、人権の尊重と法の支配に基づく社会を実現したわが国にあって、まさに戦前の「羹（あつもの）に懲りて」、戦後の民主主義社会で「膾（なます）を吹く」類に等しい。

武力攻撃事態に有効な対処措置をとり、緊急事態を可及的速やかに平時に戻すためには、一定限度の強制や私権制限が必要不可欠であることは、むしろ国民自身の理解の方が進んでいるのではないだろうか。

ここで壁となるのが日本国憲法である。同憲法は、日本の敗戦による米国の占領下という時代を背景とし、様々な圧力と制約とによる特異な制定経過をたどり、とりわけ国家と国民にとって最も重要な自国の防衛条項や緊急事態条項を欠くこととなった。

他方で国民の人権保障に関しては、総論的な「公共の福祉に反する場合」を除き、平時と緊急時の区別なく常にフルスペックでの保障が約束されている。つまり、諸外国の憲法とは異なり、国家の緊急事態を一刻も早く脱し、国民の安全と安心を回復させるための必要最小限の人権の一時的制約などが、一切規定されていない。

したがって一部の私権制限を法律で規定したとしても、憲法に根拠を持たない制約規定を含む法律は、当該法律自体が違憲訴訟の対象となる可能性が高く、適用の躊躇や果敢な運用の支障となることは明白である。近い将来には、憲法改正による緊急事態条項の創設も視野に入れた検討が喫緊の課題となるであろう。

ちなみに国民保護法上の強制措置としては、①避難施設や医療施設を確保するための土地、家屋の使用、②医薬品や食品などの物資の調達、③医療活動への従事などに限定され、ここでも強制範囲が局限されている。

この他、国民保護法第98条には武力攻撃災害発見者の通報義務が規定され、「武力攻撃災害の兆候を発見したものは、遅滞なく、その旨を市町村長又は消防吏員、警察官若しくは海上保安官に通報しなければならない」（同条1項）としている。しかし、武力攻撃災害の兆候については、元自衛官等以外の一般の住民には軍事的な知識がないことから、その兆候自体を見抜くことは極めて困難である。今後は同兆候についての具体例等について、広報することが必要となろう。

2 住民共助組織（民間防衛組織）の整備

国民保護法の制定により、国と地方公共団体の役割分担が明確化し、首長の諸権限にも法的根拠が伴うことになったが、その行使に応える人的物的資源と豊富な知識や判断能力が無ければ法の実効性が担保されないことは先に指摘した。地方公共団体には自らの職員と若干の備蓄物資に加え、消防と警察に限られた人員が存在するだけで、緊急事態に余裕をもって応えるにははなはだ心許ない。

すなわち緊急事態に際して住民の自助精神と共助組織（いわゆる民間防衛組織）が無ければ、情報が錯綜し混乱状態に陥りがちな状況下で、冷静な対処は殊の外難しい。ところが、国民保護法の制定過程の紆余曲折の中で、この組織に関する規定が盛り込まれず、同法の実効性に禍根を残した。

時の政府高官の強い反対があったとされるが、法の実効性確保の観点からは甚だ疑問である。

周知のとおり民間防衛組織とは、ジュネーブ条約第1追加議定書第4編「文民たる住民」第1部第6章に明記された、戦時における民間人の救護組織「文民保護組織」である。民間防衛に関する各定義は第61条（a）～（d）に規定されている。規定の目的は、現代戦における民間人の犠牲者の増大に着目し、非戦闘員の救護措置を、戦争当時者を含む国際社会に認めさせようとしたものである。活動内容は主として民間人の避難や救援、病気や怪我の手当て、衛生管理や食料の支給などであり、非戦闘員の犠牲や被災を局限化するため、もっぱら文民の保護を目的として行われ、その組織の具体的な活動実態は、各地域の住民共助組織（命名は筆者）に該当する。

とりわけ人為的かつ意図的な緊急事態は、自然災害とは異なり自然な終息は見込めず、放置すれば更なる被害の拡大を招きかねない。その時に公助（消防、警察、地方公共団体職員及び自衛隊など）に頼ることができないとすれば、正確かつ詳細な情報に基づく自らの判断と行動が不可欠で、まず自分の身を守り、次には近隣の被災者同士、相互に助け合うことが求められる。諸外国の民間防衛組織への参加と活動が一定年齢の間、原則として義務化されている現実的理由はここにある。

この点国民保護法は、緊急事態における国民の役割についての義務化を避け、任意の自発的協力にとどめた。同法の成立に賛成した与党の一部や野党は人権への配慮であるとするが、いかに美辞麗句を並べても、国家の存立を賭けた緊急事態対処においては、一回の失敗も許されないことは前述した。とりわけ緊急事態関連法は、その実効性が伴わなければ、そもそも法律自体の制定意義がないことを自覚すべきであろう。私権の抑制的制約や手厚い補償規定にしても、その存在自体は大切だが、いずれも国家あっての物種であることを忘れてはならない。

ちなみに、わが国で当該組織に最も近い集団として自主防災組織が挙げられる場合がある。総務省消防庁国民保護・防災部による「地方防災行政における現況」（２０２１年３月）によれば、全国の市町村数（１７４１）のうち、自主防災組織を有する市町村数（１６８８）の割合は96・９％を占め、加えて全国の自主防災組織数も16万９２０５団体、同組織構成員数は４５１３万２６０２人に及ぶ。また自主防災組織がある地域の世帯数（４９４１万７２１９世帯）を全世帯数（５８６０万５９９４世帯）と比べた自主防災組織活動カバー率は84・３％に達している。本来、自然災害時と人為的かつ意図的緊急事態とでは組織の目的に基本的な相違はあるが、諸外国の民間防衛組織の多くが、平時の災害時をも視野に入れ、かつ機能している実態に着目し、将来は統合された目的と機能によって組織の再編を図ろうとする考え方もある。

しかしながら、自主防災組織は一般に組織率の高さと構成人数の多さに目を奪われがちだが、組織の内実に着目すれば、消極的展望にならざるを得ないほど課題は多い。まず自主的結成と自発的活動を前提としていることから、年々担い手不足が常態化し、幽霊構成員も多くいるとされ、有効に機能するのは全体の１〜２割とする厳しい見方もある。それに地域の過疎化と高齢化が拍車をかけ、機能的かつ機動的組織であり続けているかには疑問符が付く。また組織はあっても防災訓練への参加率などは低調で、必ずしも防災意識が高いとは言えず、これに国民保護活動という新たな目的を付与することに有効性は見出しにくい。さらに市町村及び地域ごとに意識や活動内容に著しい温度差が見られ、構成員の高齢化とともに活動の低調な地域や無関心から同組織に参加しない住民への周知啓発や参加の勧奨は困難を極めている。

これと比べ活動の有効性が期待されるのは、鳥取県における県と県隊友会（会員約1200名）との間で締結された国民保護措置及び防災業務の協力等に関する協定である。同協定は2006年3月28日に調印され、その目的は「鳥取県内において緊急事態が発生した場合において、県隊友会の持つ組織力・専門的知識・能力・経験等を活用した協力を得るため」としている。鳥取県の場合、過去における県の防災訓練や国民保護訓練に県隊友会が積極的に参加し、実効性の検証の上で実現したものである。

具体的には、国民保護措置等の必要な状況が発生した際に、県隊友会会員がボランティアで避難誘導や被災状況の通報などの協力を、県と19市町村に対して行うこととしている。退職自衛官による組織であり、毎年新規の人材も補充でき永続的な組織の活性化が期待できることから、機動性や機能性の劣化を防げるメリットもある。

いずれにせよ、国民保護活動を目的とする新たな組織の確立は、根拠法又は根拠条文の制定による抜本的な基盤整備が必要となろう。

3　国民保護法の適用対象の拡大——各種の事態認定に即した国民保護措置の準備行動の法定化

国民保護法は、武力攻撃事態等への対応を基本として制定されているため、その適用の対象範囲があくまで武力攻撃事態等に限定され、運用目的も厳しく制限されている。

例えば先般の東日本大震災などの大規模自然災害、原子力発電所の事故・災害に伴う放射性物質などによる汚染、CBRNE（Chemical, Biological, Radiological, Nuclear & Explosive）（化学、生物、放射線、核及び爆弾）事態、大規模な感染症の蔓延（パンデミック）、石油コンビナート・化学工場での特殊災害などは、武力攻撃事態等における被害と同種類・同程度の全国的かつ甚大な被害が発生する可能性が高い。すなわち国家の機能や国民の社会経済活動や生活の安定を極めて危うくするなど、いわゆる国家緊急事態に陥る恐れがあることから、武力攻撃事態や緊急対処事態等と同様に、国と地方公共団体とが一体となり、総力を挙げた対応が求められよう。

しかし、国民保護法は、その適用対象を武力攻撃事態等に限定した法律であることから、広義の国民保護を必要とする上記のような緊急事態にまで幅広く適用できる訳ではない。この実態に対して、国民保護法の対象を種々の緊急事態に幅広く適用できる仕組みにしておくことは、国家国民にとってのより大きな利益と安心に繋がるはずである。これまでわが国が経験した数々の巨大自然災害や近年の新型コロナウイルス感染症の蔓延などによる教訓を踏まえ、緊急対処事態の概念を幅広くとらえることも将来的には必要となろう。

また、日本を取り巻く昨今の国際安全保障環境の緊迫化、とりわけ台湾有事の発生等に鑑みれば、重要影響事態や存立危機事態など、わが国の領域内及びその近傍での緊急事態発生の蓋然性は高い。しかしながら速やかに緊急対処事態を認定して国民保護法を適用することは難しく、離島等からの住民避難の判断は困難を極める。緊急対処事態の対象範囲を拡大するか、重要影響事態及び存立危機事態の認定時にも住民避難の準備行動を開始できるようにするなど、国民保護法の適用を可能にする法改正をするか、いずれにせよ国民保護法の適用対象を拡大する方向での検討が望まれる。

法改正が実現すれば、その内容は国民保護計画や住民の避難実施要領に盛り込むことが必要であり、緊急を要する課題である。

付録

「国民保護法の条文概要」

1　総則（第1章：第1～43条）

(1)　通則（第1節：第1～9条）

・国民保護法の目的は、「武力攻撃事態等において武力攻撃から国民の生命、身体及び財産を保護し、並びに武力攻撃の国民生活及び国民経済に及ぼす影響が最少となるようにすることの重要性にかんがみ」、「国、地方公共団体の責務、国民の協力、住民の避難に関する措置、避難住民等の救援に関する措置、武力攻撃災害への対処に関する措置その他必要な事項を定めることにより」、先に成立した武力攻撃事態等対処法（以下、「事態対処法」）とともに、「国全体として万全の態勢を整備し」、「国民の保護のための措置を的確かつ迅速に実施すること」（第1条）である。

・当該法における用語の定義も規定されている。（第2条）その内、「武力攻撃事態等」、「武力攻撃」、「武力攻撃事態」、「指定行政機関」、「指定地方行政機関」、「指定公共機関」、「対処基本方針」、「対策本部」及び「対策本部長」の意義については事態対処法におけるものと同義であるが、国民保護法に特に定められた用語もある。

まず「指定地方公共機関」とは、都道府県区域内の公益的事業（電気、ガス、輸送、通信、医療など）を営む法人、地方道路公社、公共的施設を管理する法人、地方独立行政法人等で、あらかじめ当該法人の意見を聴いて当該知事が指定するものをいう。

また「国民の保護のための措置」とは、対処基本方針の提示から廃止までの間に、指定行政機関、地方公共団体、指定公共機関等が実施する以下の措置、すなわち、
1　警報の発令、避難の指示、避難住民等の救援、消防等に関する措置
2　施設及び設備の応急の復旧に関する措置
3　保健衛生の確保及び社会秩序の維持に関する措置
4　運送及び通信に関する措置
5　国民の生活の安定に関する措置
6　被害の復旧に関する措置
等々をいう。加えて、武力攻撃から国民の生命、身体及び財産を保護するため、又は武力攻撃が国民生活及び国民経済に及ぼす影響が最少となるようにするための措置も含まれる。
・さらに「武力攻撃災害」とは、武力攻撃により直接・間接に生ずる人の死亡又は負傷、火事、爆発、放射性物質の放出その他の人的・物的災害をいう。
・国、地方公共団体等の責務についても規定した。（第3条）
まず国の責務として、武力攻撃事態等に備えた国民の安全確保のため、国民保護措置の実施に関する基本方針を定め、組織と機能の総力を上げて同措置を的確かつ迅速に実施すること、また地方公共団体等の実施する国民保護措置を支援し、国費による適切な措置を講じながら国全体として万全の態勢を整備することとした。
・地方公共団体の責務としては、国の策定した国民保護基本方針に基づき、自ら国民保護措置を的確かつ迅速に実施し、当該地方公共団体の区域内で関係諸機関が実施する国民保護措置を総合的に推進することとした。
指定公共機関及び指定地方公共機関の責務は、当該法の定める業務について、国民保護措置を実施することである。

その上で国、地方公共団体及び関係諸機関は、相互に連携協力して国民保護措置の実施に万全を期すべきことが明記された。

・国民の協力等についての規定（第4条）は、諸外国の実態と異なる特異な内容を有する。すなわち国民は、国民保護措置の実施に関し「協力を要請されたときは、必要な協力をするよう努めるものとする」と規定された。そしてこの「協力は国民の自発的な意思にゆだねられるものであって、その要請に当たって強制にわたることがあってはならない」とも定めた。

また国及び地方公共団体は、自主防災組織やボランティアで行われる国民保護のための「自発的活動に対し、必要な支援を行うよう努めなければならない」とした。

・この考え方の延長線上にある基本的人権の尊重についても規定した。（第5条）

すなわち国民保護措置の実施に当たっては「日本国憲法の保障する国民の自由と権利が尊重されなければならない。」そして仮に自由と権利に制限が加えられるとしても、その制限は国民保護措置を「実施するため必要最小限のものに限られ、公正かつ適正な手続きの下に行われるものとし、いやしくも国民を差別的に取り扱い、並びに思想及び良心の自由並びに表現の自由を侵すものであってはならない」とした。

・加えて国民保護措置の実施に伴う国民の権利利益の迅速な救済措置（第6条）も規定し、損失補償、不服申立又は訴訟手続については、「できる限り迅速に処理するよう努めなければならない」とした。

・この他日本赤十字の自主性の尊重等や放送事業者の言論その他表現の自由への配慮（第7条）、様々な手段を使った国民への正確かつ適時適切な情報の提供（第8条）が規定され、最後に留意事項（第9条）として、高齢者や障害者への配慮、国際人道法の的確な実施について規定した。

（2）国民保護措置の実施（第2節：第10～23条）

・国は国民保護基本方針に基づき、以下のような国民保護措置を実施しなければならない。（第10条）

1　警報の発令、避難措置の指示、その他の住民避難措置

2　救援の指示、応援の指示、安否情報の収集及び提供、その他の避難住民等の救援措置

3　武力攻撃災害への対処措置に係る指示、生活関連等施設の安全確保措置、危険物質等に係る武力攻撃災害の

発生防止措置、放射性物質等による汚染の拡大防止措置、被災情報の公表、その他の武力攻撃災害への対処措置
4　生活関連物資等の価格安定措置、その他の国民生活安定措置
5　武力攻撃災害の復旧措置
・また都道府県の実施する国民保護措置に関して都道府県知事は、対処基本方針等に基づき、当該国民保護計画の定めに従って、以下のような当該区域に係る国民保護措置を実施しなければならない。（第11条）
1　住民に対する避難指示、避難住民の誘導措置、都道府県の区域を越える住民避難措置、その他の住民避難措置
2　救援の実施、安否情報の収集及び提供、その他の避難住民等の救援措置
3　武力攻撃災害の防除及び軽減、緊急通報の発令、退避の指示、警戒区域の設定、保健衛生の確保、被災情報の収集、その他の武力攻撃災害への対処措置
4　生活関連物資等の価格安定措置、その他の国民生活安定措置
5　武力攻撃災害の復旧措置
・また都道府県の委員会及び委員は、対処基本方針等に基づき、都道府県国民保護計画の定めに従って、国民保護措置を実施しなければならない。同じく都道府県区域内の公共的団体も、国民保護措置に協力するよう努めるものとする。
・他の都道府県知事等に対する応援の要求について都道府県知事等は、当該区域に係る国民保護措置の実施に必要な時は、他の都道府県知事等に対し応援を求めることができる。応援を求められた都道府県知事は、正当な理由がない限り、応援を拒んではならない。また応援に従事する者は、応援を求めた知事の指揮下で行動する。（第12条）
・自衛隊の部隊等の派遣の要請について都道府県知事は、当該区域に係る国民保護措置を円滑に実施するため、防衛大臣に対し、自衛隊の部隊等の派遣を要請することができる。かかる要請が行われない場合で緊急の必要があるときに対策本部長は、防衛大臣に対し自衛隊の部隊等の派遣を求めることができる。（第15条）

・市町村の実施する国民保護措置について市町村長は、対処基本方針の規定等に基づき、市町村国民保護計画の定めに従って、当該区域に係る次のような国民保護措置を実施しなければならない。（第16条）
1　警報の伝達、避難実施要領の策定、関係機関の調整、その他の住民避難措置
2　救援の実施、安否情報の収集及び提供、その他の避難住民等の救援措置
3　退避の指示、警戒区域の設定、消防、廃棄物の処理、被災情報の収集、その他の武力攻撃災害への対処措置
4　水の安定的供給、その他の国民生活安定措置
5　武力攻撃災害の復旧措置
・都道府県と同様、市町村の委員会及び委員は所掌事務に係る国民保護措置を実施し、当該区域内の公共的団体は、市町村長等の実施する国民保護措置に協力するよう努めるものとする。また市町村長は、必要に応じて当該都道府県知事に対し、必要な要請を行うことができる。
・この他市町村長は、他の市町村長に応援の要求ができ、他の市町村長も正当な理由なくこれを拒んではならず、応援に従事する者は、当該市町村長の指揮下で行動するものとする。（第17条）また必要な時は、当該都道府県知事に対しても応援を要求することができる。（第18条）
・さらに市町村長は、自衛隊の部隊等の派遣要請を行うよう都道府県知事に求めることができるが、当該求めができないときは、その旨及び必要な事項を防衛大臣に連絡することができ、防衛大臣は、速やかに、その内容を対策本部長に報告しなければならない。（第20条）
・対策本部長は、武力攻撃及び武力攻撃災害の状況並びに住民避難及び避難住民の救援措置等、国民保護措置の実施状況について、適時適切に国民に公表しなければならない。（第23条）

（3）国民保護措置の実施体制（第3節：第24〜31条）

・ここでは対策本部の所掌事務（第24条）、都道府県及び市町村の対策本部を設置すべき地方公共団体の指定（第25条）、都道府県知事による指定の要請（第26条）、都道府県及び市町村の対策本部の設置及び所掌事務並びに組織、

権限、廃止等（第27～30条）が規定されている。

（4）国民保護の基本指針等（第4節：第32～36条）

・政府は武力攻撃事態等に備えて国民保護措置の実施に関し、あらかじめ以下のような事項を含む国民保護に関する基本指針を定めるものとする。（第32条）

1　国民保護措置の実施に関する基本的方針

2　指定行政機関の国民保護計画、都道府県の国民保護計画、指定公共機関の国民保護業務計画等の作成並びに国民保護措置の実施に当たって考慮すべき武力攻撃事態の想定事項

3　国民保護措置に関し、国が実施する措置に関する事項

4　都道府県又は市町村の対策本部を設置すべき地方公共団体の指定方針に関する事項

5　都道府県及び各関係機関が、国民保護計画及び国民保護業務計画を作成する際の基準となるべき事項

6　国民保護措置の実施に当たって地方公共団体及び関係機関相互の広域的な連携協力の確保に関する事項

7　上記の各号の他、国民保護措置の実施に関し必要な事項

・内閣総理大臣は、基本指針の閣議決定を求め、遅滞なく、国会に報告し、その旨を公示しなければならない。また指定行政機関の国民保護計画の作成に関し当該機関の長は、同基本指針に基づき、所掌事務に関する国民保護計画を作成しなければならない。（第33条）

同様に都道府県の国民保護計画、市町村の国民保護計画、指定公共機関の国民保護業務計画の作成が規定されている。（第34～36条）

（5）都道府県及び市町村の国民保護協議会（第37～40条）

・各都道府県の国民保護措置に広く住民の意見を求め、同措置に関する施策を総合的に推進するため、各都道府県に国民保護協議会を置き、次に掲げる事務をつかさどる。（第37条）

1　都道府県知事の諮問に応じて当該区域の国民保護措置に関する重要事項を審議すること
2　前記の重要事項に関し、都道府県知事に意見を述べること
・都道府県知事は国民保護計画を作成し、又は変更するときは、あらかじめ、軽微な変更でない限り、同協議会に諮問しなければならない。
・協議会の組織について、会長は都道府県知事が、各委員は当該区域の指定地方行政機関の長、自衛隊員、副知事、教育長、警察本部長、都道府県職員、当該区域の消防長、当該区域で業務を行う指定公共機関又は指定地方公共機関の役員、国民保護措置に関する有識者などで構成され、当該知事が任命する。なお、同協議会に専門事項の調査のため、専門委員を置くことができる。（第38条）
・また同様に市町村においても国民保護協議会を設置し、当該区域の国民保護措置に関する重要事項を審議し、市町村長に意見を述べる。（第39条）
・同協議会の組織は市町村長を会長とし、指定地方行政機関の職員、自衛隊員、都道府県職員、副市町村長、当該区域の教育長及び消防長、当該市町村職員、当該区域で業務を行う地方公共機関の役員、国民保護措置に関する有識者などで構成され、市町村長が任命する。なお、同協議会に専門事項の調査のため、専門委員を置くことができる。（第40条）

（6）組織の整備、訓練等（第6節：第41～43条）

・指定地方行政機関の長等は、各機関の国民保護計画又は国民保護業務計画の定めに従って、国民保護措置を的確かつ迅速に実施するため必要な組織を整備し、同措置に関する事務又は業務に従事する職員の配備及び服務基準を定めなければならない。（第41条）
・また指定地方行政機関の長等は、各国民保護計画又は国民保護業務計画の定めに従って、国民保護措置についての訓練を行うよう努めなければならない。都道府県公安委員会は、訓練に際して必要な際には道路の区間を指定して、歩行者又は車両の通行を禁止し、又は制限することができる。

・地方公共団体の長は、住民の避難訓練を行うときは、住民に対し訓練への参加協力を要請することができる。（第42条）
・政府は、武力攻撃から国民の生命、身体及び財産を保護する措置の重要性について国民の理解を深めるため、国民に対する啓発に努めなければならない。（第43条）

2　住民の避難措置（第2章：第44〜73条）

（1）警報の発令等（第1節：第44〜51条）

・対策本部長は、武力攻撃から国民を保護するため緊急を要するときは、基本指針及び対処基本方針で定めるところにより、警報を発令しなければならない。警報に定める事項は次の通りである。（第44条）
　1　武力攻撃事態等の現状及び予測
　2　武力攻撃が迫り、又は現に武力攻撃が発生した地域
　3　その他、住民及び公私の団体に対し周知させるべき事項
・対策本部長は、警報の発令後、直ちに、その内容を指定行政機関の長に通知しなければならない。通知を受けた指定行政機関の長は、国民保護計画の定めに従い関係各機関に通知しなければならない。その他、通知を受けた総務大臣は、国民保護計画の定めに従い、直ちに、その内容を都道府県知事に通知しなければならない。（第45条）
・通知を受けた都道府県知事は、国民保護計画の定めに従い、直ちに、その内容を当該区域内の市町村長その他の執行機関など、関係各機関に通知しなければならない。（第46条）
・通知を受けた市町村長は、国民保護計画の定めに従い、直ちに、その内容を住民及び関係する公私の団体に伝達するとともに、当該市町村の関係諸機関に通知しなければならない。
また市町村長は、サイレン、防災行政無線その他の手段を活用し、できる限り速やかに、住民及び関係諸団体に伝

達するよう努めなければならない。（第47条）
・また通知を受けた指定行政機関の長等並びに都道府県知事等は、それぞれ国民保護計画の定めに従って、速やかに、その内容を学校、病院、駅その他の多数の者が利用する施設を管理する者に伝達するよう努めなければならない。（第48条）
・この他、外務大臣は外国に滞在する邦人に、国土交通大臣は航空機内に在る者に、海上保安庁長官は船舶内に在る者に、各国民保護計画に従って、直ちに、伝達するよう努めなければならない。（第49条）
・さらに通知を受けた放送事業者である指定公共機関等は、各国民保護業務計画に従って、速やかに、その内容を放送しなければならない。（第50条）

（2）避難の指示等（第2節：第52〜60条）

・警報を発令した対策本部長は、住民避難が必要なときは、基本指針に従い総務大臣を経由して関係都道府県知事に対し、直ちに、所要の住民の避難措置を講ずべきことを指示する。指示の際には、次に掲げる事項を示さなければならない。

1　住民の避難が必要な地域（要避難地域）
2　住民の避難先となる地域（避難先地域）
3　住民避難に関して、関係機関が講ずべき措置の概要

・この他、避難措置の指示をした対策本部長は、直ちに、その内容を指定行政機関の長に通知しなければならず、また通知を受けた同機関の長は、管轄する関係各機関に通知しなければならない。また避難措置の通知を受けた総務大臣は、国民保護計画の定めに従って、直ちに、その内容を関係都道府県知事以外の都道府県知事に通知しなければならない。外務大臣、国土交通大臣、海上保安庁長官が当該通知を受けた場合は、前述の通知先（第49条）に伝達するよう努めなければならない。（第52条）
・避難措置の指示を受けた、要避難地域を管轄する都道府県知事は、国民保護計画の定めに従って、要避難地域の市

町村長を経由して、当該地域の住民に対し、直ちに、避難すべき旨を指示しなければならない。この場合、地理的条件、交通事情その他の条件に照らし、当該要避難地域に近接する地域の住民を避難させることが必要なときは、当該地域を管轄する市町村長を経由して、当該住民に避難すべき旨を指示することができる。

都道府県知事が避難指示をするときは、合わせて主要な避難経路、交通手段その他避難方法を示さなければならない。市町村長が避難指示を伝達する場合は、サイレン、防災行政無線等を活用し、できる限り速やかに、住民及び関係団体に伝達する。

・避難の指示をした都道府県知事は、直ちに、その内容を、避難先地域を管轄する当該区域内の市町村長に通知しなければならず、通知を受けた市町村長は、正当な理由がない限り、避難住民を受け入れるものとする。また避難の指示をした都道府県知事は、速やかに、その内容を対策本部長に報告しなければならない。（第54条）

・内閣総理大臣は、要避難地域を管轄する都道府県知事により避難の指示が行われない場合、対策本部長の求めに応じ、当該都道府県知事に避難指示をすべきことを指示することができ、それでもなお所要の避難指示が行われないとき、国民保護に特に必要かつ緊急を要するときは、自ら当該所要の避難指示をすることができる。（第56条）

・都道府県の区域を越えた避難措置の指示を受けた場合、関係都道府県知事は、避難住民の受け入れについて、あらかじめ協議しなければならない。避難先地域を管轄する都道府県知事は、正当な理由がない限り、避難住民を受け入れるものとし、受け入れ地域を決定して当該市町村長に通知しなければならない。（第58条）

・避難措置の指示を受けた関係都道府県知事は、当該区域を越えて住民避難が必要なとき、住民の避難措置に関し相互に緊密に連絡し、協力しなければならない。その場合、総務大臣は関係都道府県知事に対し、住民避難を円滑に行うために必要な勧告をすることができる。（第59条）

・また都道府県の区域を越える避難住民の受け入れのための措置につき、避難先地域を管轄する都道府県知事により当該措置が講じられないとき、内閣総理大臣は国民保護のために特に必要な場合、当該措置を講ずべき指示を出すことができる。また当該指示によっても避難住民の受け入れ措置が講じられない場合、内閣総理大臣は自ら総務大臣を指揮し、所要の避難住民の受け入れ措置を講じ、又は講じさせることができる。（第60条）

（3） 避難住民の誘導（第3節：第61～73条）

・市町村長は、当該区域の住民に対する避難指示があったとき、国民保護計画の定めに従って、関係機関の意見を聴取し、直ちに、以下の事項を含む避難実施要領を定めなければならない。
　1　避難経路、避難手段、その他避難方法に関する事項
　2　避難住民の誘導の実施方法、避難住民の誘導に係る関係職員の配置、その他避難住民の誘導に関する事項
　3　以上の他、避難の実施に必要な事項
・市町村長が避難実施要領を定めたときは、国民保護計画の定めに従って、直ちに、その内容を、住民及び関係の公私の団体に伝達するとともに、他の執行機関、当該消防長、警察署長、海上保安部長及び自衛隊の部隊等の長その他関係機関に通知しなければならない。（第61条）
・市町村長は、避難実施要領の定めに従って、当該市町村の職員並びに消防長及び消防団長を指揮し、避難住民を誘導しなければならない。その際、必要に応じ、食品の給与、飲料水の供給、医療の提供その他必要な措置を講ずるよう努めなければならない。（第62条）
・市町村長は、避難住民の誘導に必要なとき、警察署長、海上保安部長等又は防衛出動又は治安出動等を命じられた自衛隊の部隊等のうちから、国民保護措置の実施を命じられた自衛隊の部隊等の長に対し、警察官、海上保安官又は自衛官による住民避難の誘導を行うよう要請することができる。
また都道府県知事は、避難住民を誘導する市町村長からの求めがあったとき、又はその求めを待ついとまがないときは、警視総監若しくは道府県警察本部長、管区海上保安本部長又は自衛隊の部隊等の長に対し、警察官等による避難住民の誘導を要請することができる。（第63条）
・警察官等が避難住民を誘導するときは、警察署長、海上保安部長等又は出動等を命じられた自衛隊の部隊等の長は、あらかじめ関係市町村長と協議し、避難実施要領に沿って、円滑な避難住民の誘導が行われるよう必要な措置を講じなければならない。（第64条）

・病院、老人福祉施設、保育所その他自ら避難することができない者が入院、滞在している施設の管理者は、避難が円滑に行われるために必要な措置を講ずるよう努めなければならない。（第65条）
・避難住民を誘導する警察官等は、避難に伴う混雑等危険な事態の発生するおそれがあるときは、その防止のため、危険を生じさせ、又は危害を受けるおそれがある者その他関係者に対し、必要な警告又は指示をすることができる。この場合、警察官又は海上保安官は、特に必要があるときは、危険な場所への立入りを禁止し、若しくはその場所から退去させ、又は当該危険を生ずるおそれのある道路上の車両その他の物件の除去その他必要な措置を講ずることができる。警察官及び海上保安官がその場にいない場合に限り、避難住民を誘導している消防吏員又は自衛官が同職務を執行する。（第66条）
・都道府県知事は、避難住民の誘導を円滑に実施するため、市町村長に対する的確かつ迅速で必要な支援を行うよう努めなければならない。また都道府県知事は、関係市町村長により所要の避難住民の誘導が行われない場合、特に必要なときは当該誘導を行うべきことを指示し、それでも当該誘導が行われないときは、当該市町村長に通知の上、当該市町村職員を指揮し、避難住民を誘導させることができる。当該都道府県の区域を越えて避難住民の誘導を行うとき、又は当該市町村長からの要請により都道府県知事は、その職員を指揮し、避難住民の誘導を補助させることができる。（第67条）
・避難住民の誘導に関し内閣総理大臣は、当該誘導が関係都道府県知事によって行われなかった場合、特に必要があるときは、対策本部長の求めに応じ、当該都道府県知事に対し、当該誘導措置を講ずべきことを指示することができる。（第68条）
・避難住民を誘導する警察官等若しくは当該誘導を補助する者は、必要に応じ避難住民その他の者に対し、避難住民の誘導に必要な援助について、安全の確保に十分配慮しながら協力を要請することができる。（第70条）
・都道府県知事又は市町村長は、避難住民を誘導するため、運送事業者である指定公共機関又は指定地方公共機関に対し、避難住民の運送を求めることができ、当該指定公共機関等は正当な理由がない限り、その求めに応じなければならない。（第71条）

・内閣総理大臣は、対策本部長が行った総合調整に基づく所要の避難住民の運送が関係指定公共機関により行われない場合、国民保護のために特に必要があるときは、対策本部長の求めに応じ、当該指定公共機関に対し、所要の住民避難の運送を行うべきことを指示することができる。
また都道府県知事は、同様の場合に当該指定地方公共機関に対し、同様の指示をすることができる。当該指示は、当該公共機関の安全が確保されている場合でなければ、行ってはならない。（第73条）

3　避難住民等の救援措置（第3章：第74～96条）

（1）救援（第1節：第74～93条）

・避難措置の指示をした対策本部長は、基本指針に従い、避難先地域を管轄する都道府県知事に対し、直ちに、所要の救援措置を講ずべきことを指示する。また対策本部長は、武力攻撃災害による被災者の救援が必要なとき、被災者の発生した地域の都道府県知事に対し、所要の救援措置を講ずべきことを指示することができる。（第74条）
・都道府県知事が救援の指示を受けたときは、国民保護計画に従って、当該区域内で救援を必要としている避難住民等に対し、避難施設等で次に掲げる必要な救援を行わなければならない。緊急を要する場合は、当該指示を待たずにこれを行うことができる。

1　収用施設の供与
2　炊き出しその他による食品の給与及び飲料水の供給
3　被服、寝具その他生活必需品の給与又は貸与
4　医療の提供及び助産
5　被災者の捜索及び救出
6　埋葬及び火葬

7　電話その他の通信設備の提供
8　その他、政令で定めるもの
・また都道府県知事は、必要な救援措置として、金銭を支給することができる。救援の程度、方法及び期間に関し必要な事項は、政令で定める。（第75条）
・都道府県知事は、迅速な救援が必要なときは、政令により、救援実施の事務の一部を市町村長に行わせることができ、その場合、所要の救援措置を講ずべきことを指示することができる。（第76条）
・この他、日本赤十字社による救援措置への協力（第77条）、電気通信事業者である指定公共機関及び指定地方公共機関による避難住民等のための電話その他の通信設備の臨時設置（第78条）などの規定がある。
また都道府県知事及び市町村長は、指定公共機関又は指定地方公共機関である運送事業者に対し、避難住民の救援等に必要な物資及び資材、その他国民保護措置に必要な緊急物資の運送を求めることができる。（第79条）
・都道府県知事又は同職員は、救援を必要とする避難住民等及びその近隣の者に対し、当該救援に必要な援助について協力を要請することができる。その際、協力者の安全確保には十分配慮しなければならない。（第80条）
・都道府県知事は、救援の実施に必要な物資（医薬品、食品、寝具その他）であって生産、集荷、販売、配給、保管又は輸送を業とする者が取り扱うものについて、その所有者に対し当該物資の売り渡しを要請することができる。所有者が正当な理由なく要請に応じないときは、都道府県知事は、救援措置に特に必要なときに限り、当該特定物資を収容することができ、緊急の必要があるときは、当該事業者に対し特定物資の保管を命ずることができる。（第81条）
・都道府県知事は、避難住民等に収容施設を供与し、医療を提供する目的で臨時施設を開設するため、土地、家屋等を使用する必要があるときに、当該土地所有者又は占有者の同意を得て、土地及び家屋等を使用することができる。その際、土地・家屋等の所有者等が正当な理由なく同意しないとき、又は所有者等の所在が不明で同意を求められないとき、都道府県知事は、特に必要があるときに限り、同意を得ないで当該土地及び家屋等を使用することができる。（第82条）

・第81条による特定物資の収用及び保管命令、第82条による土地・家屋等所有者の同意のない使用については、公用令書を交付して行わなければならないが、土地の使用に際して交付すべき相手が所在不明の場合等は、政令の定めに従って事後に交付すれば足りる。（第83条）
・都道府県知事は、大規模な武力攻撃災害が発生し、避難住民等に対する医療の提供を行う必要がある場合、医師、看護師その他政令で定める医療関係者に対し、その場所及び期間その他必要事項を書面で示して、医療を行うよう要請することができる。当該医療関係者が正当な理由なく要請に応じないとき都道府県知事は、特に必要がある場合に限り、医療を行うべきことを指示することができる。この際は、当該医療関係者の安全確保に十分配慮し、危険が及ばないよう必要な措置を講じなければならない。（第85条）
・また内閣総理大臣は、都道府県知事が行う救援について、他の都道府県知事が応援すべきことを指示することができ、指定行政機関及び指定地方行政機関の長は、当該知事から救援のための支援を求められたときは、救援物資の供給その他必要な支援を行うものとする。（第86条及び第87条）
・この他、収容施設等に関する消防法上の特例（第89条）臨時の医療施設に関する医療法上の特例（第90条）、外国医療関係者による医療提供の許可（第91条）等の既存の法律の特例が規定され、海外からの支援の受け入れについては、法律の規定によっては当該支援を緊急かつ円滑に受け入れることができない場合に必要な措置を講ずるため、政令を制定することができる。（第93条）

（2）安否情報の収集等（第2節：第94～96条）

・市町村長は、政令の定めに従って、避難住民及び武力攻撃災害により死亡又は負傷した住民の安否情報を収集・整理するよう努め、都道府県知事に対し、適時に、当該安否情報を報告しなければならない。また都道府県知事は、報告を受けた安否情報を整理し、自らも収集・整理するよう努め、総務大臣に対し、遅滞なく、これらの安否情報を報告しなければならない。さらに安否情報を保有する関係機関は、安否情報の収集に協力するよう努めなければならない。（第94条）

・総務大臣及び地方公共団体の長は、政令の定めに従って、安否情報の照会に速やかに回答しなければならない。その際、個人情報の保護に十分留意しなければならない。（第95条）
・日本赤十字社は、その国民保護業務計画の定めに従って、外国人に関する安否情報を収集・整理するよう努め、照会に対しては、速やかに回答しなければならない。また総務大臣及び地方公共団体の長は、日本赤十字社による外国人の安否情報の収集に協力しなければならない。（第96条）

4　武力攻撃災害への対処措置（第4章：第97〜128条）

（1）通則（第1節：第97〜101条）

・国は武力攻撃災害を防除・軽減するため、基本指針に従って必要な措置を講ずるとともに、地方公共団体と協力して武力攻撃災害への対処措置を的確かつ迅速に実施しなければならず、地方公共団体もまた、同様の措置を講じなければならない。
・対策本部長は、特に必要があるときは都道府県知事に対し、武力攻撃災害への対処措置を講ずべきことを指示することができる。都道府県知事は、同災害が著しく大規模であり、また性質が特殊であること等対応が困難であるときは、対策本部長に対し、国が必要な措置を講ずるよう要請することができる。また市町村長は、武力攻撃災害の発生等緊急の必要があるときは、都道府県知事に対し、国への要請を求めることができる。
・消防は、その施設及び人員を活用して、国民を武力攻撃による火災から保護し、武力攻撃災害を防除・軽減しなければならない。（第97条）
・武力攻撃災害の兆候を発見した者は、遅滞なく、その旨を市町村長又は消防吏員、警察官、海上保安官に通報しなければならない。
消防吏員等から通報を受けた市町村長は、武力攻撃災害の発生に対処する必要があるとき、都道府県知事に通知しなければならない。通知を受けた都道府県知事は、国民保護計画に従って、速やかに、その旨を関係機関に通知しなければならない。（第98条）

・都道府県知事は、武力攻撃災害の発生等に際し、住民に対する危険防止のため緊急の必要があるときは、国民保護計画に従って、以下の内容の武力攻撃災害緊急通報を発令しなければならない。

1　武力攻撃災害の現状及び予測

2　その他、住民及び公私の団体に対し周知させるべき事項（第99条）

・都道府県知事が緊急通報を発令したときは、国民保護計画に従って、直ちに、その内容を区域内の市町村長、当該都道府県の他の執行機関、関係指定公共機関並びに指定地方公共機関に通知しなければならず、同時に速やかに、その内容を対策本部長に通知しなければならない。（第100条）

・放送事業者である指定公共機関又は指定地方公共機関が通知を受けた場合については、緊急通報の内容を、速やかに放送しなければならない。（第101条）

（2）応急措置等（第2節：第102～125条）

・都道府県知事は、武力攻撃災害の発生又は拡大防止のため、区域内に所在する以下の生活関連等施設の安全確保が必要なときは、当該施設の管理者に対し、必要な措置を講ずるよう要請することができる。

1　国民生活関連施設で、安全確保を怠れば国民生活に著しい支障を及ぼすおそれがあるもの

2　安全確保を怠れば、周辺地域に著しい被害を生じさせるおそれがある施設

・指定行政機関又は指定地方行政機関の長は、生活関連等施設の安全確保が緊急に必要なときは、当該生活関連等施設に安全確保の要請をすることができ、その場合、直ちに、都道府県知事に報告しなければならない他、当該生活関連等施設について、警備の強化等必要な措置を講じなければならない。

・都道府県公安委員会又は海上保安部長等は、知事からの要請又は特に必要があるときは、当該生活関連等施設の敷地及び周辺地域を立入制限区域として指定することができる。警察官又は海上保安官は、当該立入制限区域が指定

されたときは、同区域への立入りを制限し、若しくは禁止し、又は同区域からの退去を命ずることができる。（第106条）

・この他、危険物質等に係る武力攻撃災害の発生の防止措置（第103条）、石油コンビナート等に係る武力攻撃災害への対処措置（第104条）、武力攻撃原子力災害への対処措置（第105条）、原子炉等に係る武力攻撃災害の発生等の防止措置（第106条）、放射性物質等による汚染の拡大防止措置（第107～108条）等の規定が続いている。

・放射性物質等による汚染の拡大防止措置に関して指定行政機関若しくは指定地方行政機関の長又は都道府県知事は、汚染拡大防止措置に必要があるときは、当該職員に他人の土地、建物その他の工作物又は船舶若しくは航空機に立ち入らせることができる。（第109条）

・内閣総理大臣及び都道府県知事は、放射能汚染の拡大防止措置に対して関係機関職員に協力を要請するときは、その安全確保に十分配慮し危険が及ばないよう必要な措置を講じなければならない。（第110条）

・この他市町村長は、武力攻撃災害を拡大させるおそれがある設備又は物件の占有者、所有者又は管理者に対し、当該設備又は物件の除去、保安その他必要な措置を講ずべきことを指示することができる。（第111条）

また市町村長は武力攻撃災害から住民を保護し、拡大を防止するため特に必要なときは、住民に対し退避を指示することができる。（第112条）

さらに市町村長は、武力攻撃災害への対処措置のため緊急の必要がある場合、当該区域内の他人の土地、建物その他の工作物を一時使用し、又は土石、竹木その他の物件を使用し、若しくは収用することができる。（第113条）

・市町村長は、武力攻撃災害による住民の危険を防止するため特に必要なときは、警戒区域を設定し、同区域への立入りを制限若しくは禁止し、同区域からの退去を命ずることができる。また緊急の場合には、都道府県知事もこの措置を講ずることができる。（第114条）

・市町村の長及び職員、都道府県の知事及び職員又は消防吏員、警察官は、武力攻撃災害の発生における消火、負傷者の搬送、被災者の救助その他の措置に緊急の必要があるときは、区域内の住民に対し、必要な援助について協力

を要請することができる。その場合、当該協力者の安全確保に十分配慮しなければならない。（第115条）

・都道府県知事は、武力攻撃災害が発生し、又はまさに発生しようとしている場合において、緊急の必要があると認めるときは、当該都道府県の区域内の市町村の長若しくは消防長又は水防管理者に対し、所要の武力攻撃災害に関する防御措置を指示することができる。当該指示によって出動する同職員の安全確保に対して十分に配慮し、危険が及ばないよう必要な措置を講じなければならない。（第117～120条）

・これに続いて感染症等の指定等の特例（第121条）、埋葬及び火葬の特例（第122条）に関する規定がある。

・地方公共団体の長又はその職員は、武力攻撃災害の発生による区域内の住民の健康保持又は環境衛生の確保措置のため、緊急の必要があるときは、区域内の住民に対し、その実施に必要な援助について協力を要請することができる。その際、当該協力者の安全の確保に十分配慮しなければならない。（第123条）

・これに続いて廃棄物処理の特例（第124条）、文化財保護の特例（第125条）に関する規定がある。

（3）被災情報の収集等（第3節：第126～128条）

・指定行政機関の長等は、各国民保護計画又は同業務計画に従って、武力攻撃災害による被害状況の情報収集に努めなければならない。（第126条）

・市町村長及び指定地方公共機関は、収集した被災情報を、速やかに、都道府県知事に報告し、同知事は同被災情報を速やかに総務大臣に報告し、総務大臣は同被災情報を速やかに対策本部長に報告しなければならない。（第127条）

・対策本部長は、報告を受けた被災情報を取りまとめ、適時に内閣総理大臣に報告するとともに、その内容を国民に公表しなければならず、また同報告を受けた内閣総理大臣は、速やかに、その内容を国会に報告しなければならない。（第128条）

5　国民生活の安定に関する措置等（第５章：第１２９～１４０条）

（1）国民生活の安定措置（第1節：第１２９～１３３条）

・指定行政機関及び指定地方行政機関並びに地方公共団体の各長は、武力攻撃事態等における国民生活関連物資若しくは役務又は国民経済上の重要物資若しくは役務の価格高騰又は供給不足が生ずるときは、各国民保護計画に従って生活関連物資等の買占め・売惜しみ緊急措置法、国民生活安定緊急措置法、物価統制令等に基づく適切な措置を講じなければならない。（第１２９条）

・内閣は、著しく大規模な武力攻撃災害が発生し、国家経済の秩序維持及び公共の福祉の確保に緊急の必要がある場合、国会が閉会中又は衆議院が解散中であり、かつ、臨時会の召集を決定し、又は参議院の緊急集会における措置を待ついとまがないときは、金銭債務の支払延期及び権利の保存期間延長について必要な政令を制定することができる。（第１３０条）

・加えて特定武力攻撃災害の被害者の権利利益の保全等（第１３１条）の規定が続き、さらに政府関係金融機関は、大規模な武力攻撃災害発生時には特別な金融を行い、償還期間又は据置期間の延長、旧債の借換え、必要な利率の低減その他適切な措置を講ずるよう努めるものとする。（第１３２条）

・日本銀行は、武力攻撃事態等における国民保護業務計画に従って、銀行券の発行並びに通貨及び金融の調節を行い、各種金融機関の資金決済の円滑性を確保し、信用秩序の維持に必要な措置を講じなければならない。（第１３３条）

（2）生活基盤等の確保措置（第2節：第１３４～１３８条）

・電気事業者、ガス事業者及び水道事業者である指定公共機関及び指定地方公共機関は、各国民保護業務計画に従って、電気・ガス・水を安定的かつ適切に供給するため必要な措置を講じなければならない。（第１３４条）

・運送事業者である指定公共機関及び指定地方公共機関は、旅客及び貨物の運送確保のため、また電気通信事業者である同機関は、通信確保及び国民保護措置の実施に必要な通信の優先的取り扱いのため、さらに郵便事業者等である同機関は、郵便及び信書便の確保のため、各々の機関の国民保護業務計画に従って必要な措置を講じなければならない。（第135条）

・病院その他医療機関である指定公共機関及び指定地方公共機関は、武力攻撃事態等に際しての各国民保護業務計画に従って、医療の確保に必要な措置を講じなければならない。（第136条）

・河川管理施設、道路、港湾及び空港の管理者である指定公共機関及び指定地方公共機関は、武力攻撃事態等に際しての国民保護業務計画に従って、各々の施設等を適切に管理しなければならない。（第137条）

・災害に関する研究を業務として行う指定公共機関は、その国民保護業務計画に従って、国、地方公共団体及び他の指定公共機関に対し、武力攻撃災害の防除、軽減及び復旧に関する指導、助言その他の援助を行うよう努めなければならない。（第138条）

（3）応急の復旧（第3節：第139・140条）

・指定行政機関の長等は、その管理施設及び設備に武力攻撃災害による被害が生じたときは、各国民保護計画及び同業務計画に従って、応急の復旧のため必要な措置を講じなければならない。（第139条）

この場合、都道府県知事等又は指定公共機関は指定行政機関又は指定地方行政機関の各長に対し、また市町村長等又は指定地方公共機関は都道府県知事等に対し、応急の復旧のため必要な措置に支援を求めることができる。（第140条）

6　復旧、備蓄その他の措置（第6章：第141～158条）

・指定行政機関の長等は、各国民保護計画又は同業務計画に従って、武力攻撃災害の復旧を行わなければならない。（第141条）

・指定行政機関及び指定地方行政機関並びに地方公共団体の各長は、各国民保護計画に従って、住民避難及び避難住民等の救援に必要な物資・資材を備蓄し、整備・点検し、又は管理する施設及び設備を整備・点検しなければならない。（第１４２条）

・都道府県知事及び市町村長は、同区域外からの避難住民の救援のため、備蓄物資又は資材を必要に応じ供給しなければならない。（第１４３条）

また同物資又は資材が不足する際には、各関係機関に対し必要な措置を講ずるよう要請することができる。（第１４４条）

さらに指定行政機関の長等は、かかる物資及び資材を備蓄、整備、点検し、国民保護措置に必要な施設及び設備を整備・点検しなければならない。（第１４５条）

・国民保護措置に必要な物資及び資材の備蓄は、災害対策基本法上のそれらと相互に兼ねることができ（第１４６条）、同物資及び資材の供給には、関係機関が相互に協力するよう努めなければならない。（第１４７条）

・さらに避難施設の指定（第１４８条）、避難施設に関する届け出（第１４９条）等の規定が続き、政府は武力攻撃災害から国民を保護するために必要な避難施設に関する調査・研究を行い、その整備の促進に努めなければならない。（第１５０条）

・地方公共団体の長等は、国民保護措置に必要なときは、指定行政機関若しくは指定地方行政機関等の職員派遣を要請することができる。（第１５１条）

合わせて都道府県知事等は総務大臣に、市町村長等は都道府県知事に対し、同職員派遣についてあっせんを求めることができ（第１５２条）、関係機関等は、要請又はあっせんに対し適任の職員を派遣しなければならない。（第１５３条）

・都道府県公安委員会は、住民避難、緊急物資の運送その他国民保護措置を的確かつ迅速に実施するため緊急に必要なときは、区域又は道路区間を指定し、緊急通行車両以外の車両の道路通行を禁止し、又は制限することができる。（第１５５条）

・指定行政機関若しくは指定地方行政機関又は地方公共団体の各長は、国民保護措置の実施に必要な通信のため緊急かつ特別の必要があるときは、電気通信事業者が関係設備を優先的に利用し、又は警察事務、消防事務、水防事務、航空保安事務、海上保安事務、気象業務、鉄道事業、軌道事業、電気事業、鉱業その他政令で定める業務を行う者（有線電気通信法第3条4項4号）が設置する有線電気通信設備若しくは無線設備を使用することができる。（第156条）

・さらに赤十字標章等の交付等（第157条）、特殊標章等の交付等（第158条）が規定されている。

7　財政上の措置等（第7章：第159～171条）

・国及び地方公共団体は、救援に必要な救援物資の収用又は保管命令並びに土地の使用等に関する処分が行われたときは、それぞれ通常生ずべき損失を補償しなければならない。また都道府県は、医療の実施要請に応えた医療関係者に対して、その実費を弁償しなければならない。（第159条）

・国及び地方公共団体は、国民保護措置の実施に必要な援助に協力した者が死亡、負傷若しくは疾病にかかり、又は障害を負ったときは、これを原因として受ける損害を補償しなければならない。また都道府県は、避難住民への医療提供の要請に応えた医療関係者が、死亡、負傷若しくは疾病にかかり、又は障害を負ったときは、これらを原因とした損害を補償しなければならない。（第160条）

・国は、国による国民保護措置に関する総合調整及び指示に係る損失の補てん（第161条）、武力攻撃災害による被災者の国税その他公的徴収金の減免等（第162条）、また同様に、国有財産の貸付け等につき無償又は減免等を行う特例（第163条）等を設けることができる。

・また、国民保護措置に要する費用の支弁について、当該措置に責任を有する者が支弁する原則を明記し（第164条）、それぞれ他の地方公共団体の長等の応援に要する費用の支弁（第165条）、都道府県知事が市町村長の措置を代行した場合の費用の支弁（第166条）、市町村長が救援事務を行う場合の費用の支弁（第167条）等の規定が置かれている。

・国及び地方公共団体の費用の負担については、次のように規定する。すなわち国は原則として、住民避難に関する措置に要する費用、避難住民等の救援措置に要する費用、武力攻撃災害への対処措置に要する費用、損失補償、実費弁済、損害補償及び損失補てんに要する費用、訓練費用等を負担する。

また地方公共団体は、当該職員の給料及び扶養手当、当該地方公共団体の管理及び行政事務に要する費用、施設管理者としての事務に要する費用等を負担する。（第168条）

・国は地方公共団体が国民保護措置等に要する費用の一部を、予算の範囲内で補助することができる。（第169条）合わせて、政令で定める地方公共団体は、政令で定める年度に限り、地方債をその財源とすることができる。（第170条）

・武力攻撃災害の復旧に係る財政措置については、別に法律で定めるが、復旧措置が的確かつ迅速に実施されるよう国費による必要な財政措置を講ずるものとする。政府は、必要な財政上の措置を講ずるものとする。（第171条）

8　緊急対処事態への対処措置（第8章：第172〜183条）

・国は国民の安全確保のため、緊急対処事態において、その組織及び機能のすべてを挙げて自ら緊急対処保護措置を的確かつ迅速に実施し、地方公共団体等の実施する同措置を支援し、国費による適切な措置を講じ、国全体として万全の態勢を整備する責務を有する。（第172条）

・地方公共団体は、緊急対処事態において、自ら緊急対処保護措置を的確かつ迅速に実施し、当該区域において関係機関が実施する緊急対処保護措置を総合的に推進する責務を有する。（同）

・また指定公共機関及び指定地方公共機関は、各業務について緊急対処保護措置を実施する責務を有するほか、国及び地方公共団体並びに各関係機関は、緊急対処保護措置を実施するにあたって相互に協力し、その的確かつ迅速な実施に万全を期さなければならない。（同）

・国民は、緊急対処保護措置の実施に関し協力を要請されたときは、必要な協力をするよう努めるものとする。この協力は国民の自発的な意思にゆだねられるものであって、要請に当たって強制にわたることがあってはならない。そして国及び地方公共団体は、自主防災組織及びボランティアにより行われる緊急対処保護措置に資する自発的な活動に対し、必要な支援を行うよう努めなければならない。（第173条）

・緊急対処保護措置を実施するに当たっては、日本国憲法の保障する国民の自由と権利が尊重されなければならない。当該自由と権利に制限が加えられるときであっても、その制限は必要最小限のものに限られ、公正かつ適正な手続きの下に行われるものとし、いやしくも国民を差別的に取り扱い、並びに思想及び良心の自由並びに表現の自由を侵すものであってはならない。（第174条）

・国及び地方公共団体は、緊急対処保護措置の実施に伴う損失補償、同措置に係る不服申立て又は訴訟その他の国民の権利利益の救済手続きについて、できる限り迅速に処理するよう努めなければならない。（第175条）

・指定行政機関及び指定地方行政機関の各長は、緊急対処事態対処方針及び国民保護計画に従って、その所掌事務としての緊急対処保護措置を実施しなければならない。（第176条）

・都道府県知事は、緊急対処事態対処方針及び関係諸法令並びに国民保護計画に従って、当該区域内における緊急対処保護措置を実施しなければならない。また都道府県の委員会及び委員は、緊急対処事態対処方針及び関係諸法令並びに国民保護計画に従って、都道府県知事の所轄の下に各所掌事務としての緊急対処保護措置を実施しなければならない。（第177条）

・市町村長は、緊急対処事態対処方針及び関係諸法令並びに国民保護計画に従って、当該区域内の緊急対処保護措置を実施しなければならない。また市町村の委員会及び委員は、緊急対処事態対処方針及び関係諸法令並びに国民保護計画に従って、市町村長の所轄の下に各所掌事務としての緊急対処保護措置を実施しなければならない。（第178条）

・指定公共機関及び指定地方公共機関は、緊急対処事態対処方針及び関係諸法令並びに国民保護業務計画に従って、緊急対処保護措置を実施しなければならない。（第179条）
・国は指定行政機関、地方公共団体及び指定公共機関が実施する緊急対処保護措置について、都道府県は当該都道府県、市町村並びに指定公共機関及び指定地方公共機関が実施する当該都道府県区域内の緊急対処保護措置について、市町村は当該市町村の区域内で実施する緊急対処保護措置について、その内容に応じ、安全確保に配慮しなければならない。（第180条）
・緊急対処事態対策本部は、事態対処法第24条において準用する指定行政機関、地方公共団体及び指定公共機関が実施する対処措置に関する対処基本方針に基づき、当該各機関が実施する緊急対処保護措置の総合的な推進に関する事務及び国民保護法の規定により、その権限に属する事務をつかさどる。（第181条）
・これに続き緊急対処事態に備え、基本指針及び緊急対処保護措置の実施に関する必要記載事項が詳細に規定され、かつ準用及び読み替え事項の一覧表が記載されている。（第182条・第183条）

9 雑則（第9章：第184〜187条）

・大都市の特例として、都道府県又は都道府県知事が処理する事務は、指定都市においては、指定都市又は指定都市の長が処理するものとした。（第184条）
・また国民保護法の適用について特別区は市とみなすことが規定され、以下読み替え規定が続いている。（第185条）
・国民保護法の規定により地方公共団体が処理する事務は、都道府県警察が処理する事務を除き、法定受託事務とする。（第186条）
・国民保護法に定めるもののほか、当該法の実施のための手続その他この法律の施行に必要な事項は、政令で定める。

（第１８７条）

10　罰則（第10章：第１８８～１９４条）

・災害対策基本法の罰則規定を参考にした当該罰則規定は、以下のように規定する。
・危険物質等による武力攻撃災害の発生防止のため、指定行政機関若しくは指定地方行政機関又は地方公共団体の各長による各種措置命令、また原子炉等に関する武力攻撃災害の発生防止のため、原子炉規制委員会の命令に従わなかった者は、1年以下の懲役若しくは１００万円以下の罰金に処し、又はこれを併科する。（第１８８条）
・都道府県知事による特定物資の売り渡し要請及び収用等に関し、同知事による保管命令に従わず、特定物資を隠匿、損壊、廃棄又は搬出した者は、6月以下の懲役又は30万円以下の罰金に処する。また武力攻撃事態等において、赤十字標章、特殊信号、身分証明書、特殊標章の交付等に関する規定に違反し、それらをみだりに使用した者は、6月以下の懲役又は30万円以下の罰金に処する。（第１８９条）
・住民避難、緊急物資の運送その他国民保護措置を的確かつ迅速に実施するため、緊急通行車両以外の車両の通行を禁止又は制限する措置に従わなかった車両の運転手は、3月以下の懲役又は30万円以下の罰金に処する。（第１９０条）
・放射性物質等による汚染の拡大防止のため、汚染物件の移動を制限、禁止又は廃棄する命令、汚染された生活用水の管理者に対するその使用、給水を制限又は禁止する命令、汚染又はその疑いがある死体の移動の制限又は禁止、汚染又はその疑いのある建物への立入り制限若しくは禁止又は当該建物の封鎖、汚染又はその疑いのある場所の交通を制限又は遮断する措置等に関し、指定行政機関若しくは指定地方行政機関の各長若しくは都道府県知事又は市町村長、消防組合の管理者若しくは長若しくは警視総監若しくは道府県警察本部長の命令に従わなかった者は、50万円以下の罰金に処する。（第１９１条）

・特定物資の収用若しくは保管を命じた都道府県知事又は指定行政機関若しくは指定地方行政機関の各長等による立入検査を拒否、妨害若しくは忌避し、又は特定物資の保管に関する必要な報告をせず、若しくは虚偽の報告をした者は、30万円以下の罰金に処する。（第192条）

・原子力防災管理者は、武力攻撃に伴って放射性物質又は放射線が原子力事業所外へ放出され、又はそのおそれがあるときは、直ちに、内閣総理大臣及び原子力規制委員会、所在都道府県知事、所在市町村長並びに関係周辺都道府県知事に通報しなければならない。それをしなかった原子力防災管理者は、30万円以下の罰金に処する。（同）

・国宝又は特別史跡名勝天然記念物の所有者等は、武力攻撃災害によるそれらの滅失、き損その他の被害を防止するため、正当な理由なく文化庁長官が講ずる措置等を拒否、妨害又は忌避してはならず（第125条7項）、この規定に違反して、文化庁長官の講ずる必要な措置を拒否又は妨害した者は、30万円以下の罰金に処する。（第192条）

・都道府県知事は、武力攻撃災害の発生又は拡大防止のため、当該区域内の生活関連等施設の管理者に対し、安全確保のための必要な措置を要請できる。当該措置を執行する警察官又は海上保安官は、当該生活関連等施設に関し指定された立入制限区域への立入りを制限若しくは禁止し、又は同区域からの退去を命ずることができ、それに従わなかった者は、30万円以下の罰金又は拘留に処する。（第193条）

・市町村長及び都道府県知事は、武力攻撃災害による住民の危険を防止するため特に必要なときは、警戒区域を設定し、武力攻撃災害対処措置を講ずる者以外の者に対し、当該区域への立入りを制限若しくは禁止し、又は当該区域からの退去を命ずることができる。当該措置の執行をする警察官、海上保安官若しくは出動した自衛官の制限若しくは禁止、又は退去命令に従わなかった者は、30万円以下の罰金又は拘留に処する。（同）

・法人の代表者又は法人若しくは使用人又は従業員が、危険物質又は原子炉等における武力攻撃災害の発生防止のための各種措置命令、物資の売渡し要請等に関する特定物資の保管命令、特定物資の収用若しくは保管に関する都道府県知事等の立入検査等の拒否又は虚偽報告等、原子炉災害への対処に関する規定、文化財保護の特例に関する規定等々に違反した場合、当該業務に関し行為者を罰するほか、その法人又は人に対しても、本条の罰金刑を科する。

（第１９４条）

〈主要参考文献〉

・森本敏・浜谷英博『有事法制―私たちの安全はだれが守るのか』（２００３年、ＰＨＰ研究所）
・郷田豊『世界に学べ！日本の有事法制』（２００２年、芙蓉書房出版）
・西修監修『詳解有事法制―国民保護を中心に』（２００４年、内外出版）
・森本敏・浜谷英博『早わかり国民保護法』（２００５年、ＰＨＰ研究所）
・浜谷英博『要説　国民保護法―責任と課題』（２００４年、内外出版）
・国民保護法制運用研究会編著『有事から住民を守る―自治体と国民保護法制』（２００４年、東京法令出版）
・国民保護法制研究会編集『国民保護法の解説』（２００４年、株式会社ぎょうせい）
・浜谷英博「国民保護法の理念と実践―地方自治体の取り組みと今後の課題―」、防衛法学会『防衛法研究』第29号（２００５年、内外出版株式会社）
・浜谷英博「住民共助組織の整備なくして有事体制の確立はない」、『日本人の力』第21巻（２００５年、日本財団）
・浜谷英博「国民保護法制の整備と課題」、比較憲法学会『比較憲法学研究』第21号（２００９年、㈲政光プリプラン）

治38（1905）年10月の戦争終結頃には百万人近くにまで膨れ上がる大動員を行った。

第1次世界大戦（1914年～1919年）直前の平時陸軍兵力は、29万2千人であった。わが国の徴兵数が急激に増加したのは昭和12（1937）年にはじまった支那事変（日華事変）以降である。戦争が長期化するにつれて動員規模も拡大し、事変開始後の昭和12（1937）年中に陸軍が動員した兵員は51万人に上り、大東亜戦争開戦の昭和16（1941）年には87万人が新たに動員された。この年、海軍も志願、徴兵を合わせて10万人を新たに徴募している。それでも足りない兵員が新たに戦場に送られ、先の大戦において、軍人軍属合わせて1千万人以上が動員された。男子の6人に1人が軍務に服したことになる。

この間、予備将校補充源としてドイツの1年志願兵の制度やアメリカのROTC（予備役将校訓練課程）を参考にして、陸海軍とも幹部候補生養成の新しい制度作りに着手した。昭和14（1939）年時点では陸軍の兵科中・少尉の7割以上がこの出身となり、昭和18（1934）年の学徒出陣につながって行った。

(3) 予備役の管理体制

旧軍の予備役を直接管理するのは、連隊区司令部であった。連隊区司令部は、徴兵、動員、招集、そして在郷軍人の指導などを行う軍事行政専門の機関であり、全国に配置されていた。師団の管轄区域である師管区を四つの連隊区に分け、連隊区司令部は基本的に歩兵連隊の所在地または近傍市に配置された。

連隊区司令部は、連隊区司令官を長とし、その副官（1人）、部員数名、下士官2～3名、その他10数名の要員からなる官署であった。その後、大東亜戦争のはじまった昭和16（1941）年には、1府県1連隊区とし、所在地を府県庁と一致させた。

昭和20（1945）年3月には、それまでの連隊区司令部は閉鎖され、臨時編成の連隊区司令部と地区司令部が設けられた。それぞれの司令官は兼職とされ、師管区司令官に隷属した。

確保などが含まれる。

3　旧軍の予備役制度

(1) 予備役制度の形成過程

旧軍の予備役制度は、陸軍がフランスやドイツを参考として、明治6(1873)年に徴兵制度を発足させたことに始まる。明治5(1872)年11月28日に徴兵詔書が発せられ、それを受け、翌6年1月に徴兵令が布告された。徴兵詔書とともに発せられた徴兵告諭に「西洋人は税金を血税と称し、生血によって国に報ずるのであり、兵役もその一種である」との記載があるように、国民の「国防の義務」を明らかにするとともに国民皆兵の兵役制度の必要性を説いている。

海軍は、当初、志願兵のみで構成されていたが、明治16(1883)年の徴兵令の改正から徴兵に移行した。

明治22(1889)年、明治憲法が発布され、徴兵令も新しい法律の形(法律第1号)に改正された。当時、陸軍はフランス式からドイツ式に変わりつつあったので、徴兵令もドイツ式が導入された。

この徴兵令は、昭和2(1929)年に兵役法として改正されるまで存続した。兵役法は、基本的に徴兵令の大綱(内容の大筋)を踏襲し、戦時中の招集源不足を補うために毎年のように改正を行いつつ終戦に至った。

(2) 予備役制度の概要

旧軍の予備役制度は、明治22(1889)年の徴兵令によってその骨格が固まった。

繰り返しになるが、前掲「明治22年徴兵令による兵役区分」の通り、兵役を、常備兵役、後備兵役、補充兵役、国民兵役の四つに区分し、さらに常備兵役を現役と予備に区分した。

満20歳になった者に対して徴兵検査を行い、合格者の中から翌年常備兵役の現役に入るものを決定した。常備兵役の予備は、3年間の現役終了者が陸軍は4年間、海軍は3年間勤務するものであり、各年1度の演習(60日)と簡閲点呼(いわゆる「呼び出し」)に参加する義務があった。後備兵役には予備役終了者が指定され、年1回の招集訓練に参加した。補充兵役は、徴兵検査合格者の中から指定され、常備に欠員があった時の補充要員であり、戦時の招集源であった。以上の兵役に該当しない17歳から40歳までの男子(丁種除外)は、国民兵役として非常時の地域警備に従事した。

明治6年の徴兵令による正式の徴兵は、明治7年からはじまり、年間約1万人程度であった。明治22年の徴兵令下では、現役兵として年間約2万人が徴集され、10万人余が補充兵に指定された。日清戦争を経て、日露戦争の開戦前年(明治36年)末の陸軍現役下士兵卒数は、16万7千人であったが、明備兵役及び補充兵役は「予備役」に該当する。そのうち、常備兵役の予備役は、後述する自衛隊の予備自衛官制度の一つである即応予備自衛官に相当しよう。

なお、国民兵役は、非常時の地方警備の要員であり、米国の州兵、すなわち郷土防衛隊と同様の位置付けにある。現在、わが国には国民兵役に相当する制度は存在しないが、自衛隊は、平時の災害派遣や有事の後方地域の警備などの任務を付与されており、同時に国民兵役の役割も併せ課せられている。

一方、兵役を支えるための要員（兵員あるいは兵隊・兵士）を確保する制度として、徴兵制（国民皆兵）、志願制、それらを折衷した形式があり、それらを兵役制度という。

本論で取り上げる予備役制度は、兵役および兵役制度ともに密接な関係があり、国家と国民との関係、国防と経済産業などその他の国家活動との節調、国家財政の制約、平時から有事への国家体制の移行などとの係わりを総合調整した上で、国防のあり方を決定づける最も重要な政策あるいは制度の一つである。

2　予備役制度の目的・役割

世界には、北朝鮮の「先軍政治」や中国の「軍事強国」などのように平時から大きな軍事力を保持する、いわゆる軍事優先の国家がある。しかし、一般的に近代民主主義国家は、国家財政の制約や経済産業など国家の諸活動に必要な人的資源の配分などを考慮して、極めてリードタイムの短い現代戦に即応できる必要最小限の戦力を「現役」として維持しつつ、莫大な量に拡大する有事（戦時）の人的所要を「予備役」として確保する国家が多い。

このように、予備役制度は、有事に急増する人的所要を満たすために、平時、必要最小限に抑制されている現役をもっては賄いきれない戦力不足を補い、拡充することを目的とする制度である。

予備役と現役は、車の両輪であり、相互補完し合って「総合戦力」として機能し、所与の国家的役割を果たす。つまり、国防力は、予備役と現役をもって構成される不可分の「総合戦力」によって成り立っている。それが故に、平時、様々な理由によって現役を必要最小限に抑制した体制を選択している現状にあっては、予備役制度の充実なしに国家防衛の目的は達成できないのである。

この際、有事急増する人的所要には、例えば、平時は司令部あるいは指揮機能のみが充足される部隊（スケルトン部隊、コア部隊）への補充、後方支援（兵站）・人事業務等の急増拡大に伴う部隊の拡充・新編、有事第一線に展開する現役（常備）が不在になった駐屯地・基地の警備・運営、有事の戦死・戦傷病者などの発生に伴う欠員補充そして旧軍の国民兵役に相当する有事の地方（後方地域）警備あるいは民間防衛（国民保護）に従事する要員の

旧軍の予備役制度

1　用語の意義

旧軍の予備役制度について概観するに当たり、まず、本資料で使用する用語の意義を明らかにしておく必要があろう。

一般的に、軍事上の制度を兵制という。その骨格となるのが兵役である。

兵役とは、国防の目的を達成するため、ある一定期間、軍務に服すること（兵隊・兵士になること）である。

旧軍では、下表「明治22年徴兵令による兵役区分」に示す通り、兵役を常備兵役（現役と予備役）、後備兵役、補充兵役そして国民兵役の四つに区分していた。

明治22年徴兵令による兵役区分

兵役区分		資　　格	期　間	備　　考
常備兵役	現役	満20歳 17歳以上の志願者	陸軍３年 海軍４年	明治30年、陸軍の歩・経・衛は２年と帰休１年となる。
	予備	現役終了者	陸軍４年 海軍３年	各年１度の演習（60日）と簡閲点呼
後備兵役		予備役終了者	陸軍５年 海軍５年	治27年、陸軍は10年に
補充兵役		徴兵検査合格者から指定	１年	欠員補充、戦時招集源 明治28年、期間７年４ヶ月
国民兵役		17歳～40歳の上記以外の者 丁種除外	40歳まで	地方警備要員

〈資料源〉熊谷直著「帝国陸海軍の基礎知識―日本の軍隊徹底研究―」（光文社 NF 文庫）の第６章「兵役制度」から引用

現在、自衛隊では、現役（常備）自衛官と予備自衛官に区分している。旧軍の兵役を、現在、一般的に使われている「現役（常備）」と「予備役」に当てはめると、常備兵役の現役は「現役」に該当し、常備兵役の予備役、後

共同執筆者略歴（五十音順）

小川清史（おがわ　きよし）

1960年生まれ、徳島県出身。防衛大学校卒業（26期生、土木工学専攻）、陸上自衛隊の普通科部隊等勤務。この間、米陸軍歩兵学校及び同指揮幕僚大学留学、第８普通科連隊長兼米子駐屯地司令、自衛隊東京地方協力本部長、陸上幕僚監部装備部長、第６師団長、陸上自衛隊幹部学校長、西部方面総監等を歴任。2017年退官（陸将）。現在、日本安全保障戦略研究所上席研究員、全国防衛協会常任理事等

浜谷英博（はまや　ひでひろ）

1949年生まれ、北海道出身。国士舘大学大学院政治学研究科博士課程単位取得退学、国士舘大学教授。専門は、憲法、比較憲法、日米防衛法制の比較研究。その間、慶應義塾大学法学部訪問助教授、早稲田大学社会科学研究所客員研究員、武蔵工業大学（現東京都市大学）講師を経て、三重中京大学教授。同大学図書館長、三重中京大学大学院において研究科長、特任教授を経て、名誉教授。現在、防衛法学会名誉理事長。比較憲法学会名誉理事。

樋口譲次（ひぐち　じょうじ）

1947年生まれ、長崎県出身。防衛大学校卒業（13期生、機械工学専攻）、陸上自衛隊の高射特科部隊等勤務。この間、米陸軍指揮幕僚大学留学、第２高射特科群長、第２高射特科団長兼飯塚駐屯地司令、第７師団副師団長兼東千歳駐屯地司令、第６師団長、陸上自衛隊幹部学校長等を歴任。2003年退官（陸将）。現在、日本安全保障戦略研究所副理事長兼上席研究員、偕行社・安全保障研究会研究会、隊友会参与等。

「ウクライナ戦争《せんそう》」から日本《にほん》への警鐘《けいしょう》　有事《ゆうじ》、国民《こくみん》は避難《ひなん》できるのか

2022年10月5日　初版第1刷発行

編　者　日本安全保障戦略研究所
発行者　佐藤今朝夫
発行所　株式会社 国書刊行会
〒174-0056 東京都板橋区志村1-13-15
TEL 03(5970)7421　FAX 03(5970)7427
https://www.kokusho.co.jp

装　幀　真志田桐子
カバー画像：Shutterstock
印　刷　創栄図書印刷株式会社
製　本　株式会社村上製本所

ISBN　978-4-336-07392-1